8つの秘訣で未経験者でも安定経営ができる

澤浦彰治

ダイヤモンド社

はじめに

『小さく始めて農業で利益を出し続ける7つのルール』を出版してから早いもので5年が過ぎました。

現在、私は5つの農業法人グループを経営しています。

1つ目は昭和37年に両親が創業し家族経営から発展した「グリンリーフ株式会社」です。グリンリーフでは有機コンニャク芋や有機野菜を栽培して、生芋こんにゃくや漬物、冷凍野菜、惣菜キットに加工し販売しています。

そして平成4年に個人事業として農業後継者3人で始めた野菜の販売会社「株式会社野菜くらぶ」があります。野菜くらぶは現在74名の農業生産者で組織し、野菜の企画販売や新規就農者を育成する独立支援プログラムなどを運営しています。

そのほかにも、グリンリーフから分社化して有機コマツナと有機ホウレンソウを年間生産している「株式会社四季菜」や、モスフードサービスさんと一緒に出資して創業したトマトの生産農場「株式会社サングレイス」、そして再生可能エネルギーに取り組む「ビオエナジー株式会社」を経営しています。

資本的にはグリンリーフを中心としたグループになっていて、「感動農業・人づくり・土づくり」の理念のもと、それぞれの会社がそれぞれの役割と目標を持って相互に協力し合い、持続可能な農業のやり方を追求し続けています。前著を出版したときには約20億円だったグループ売上が平成27年には約27億円になり、多少なりとも成長させていただきました。そしてこの間、私たちの会社にもいろいろな取り組みがあり、さまざまなことが起こりました。

シラタキの輸出、新たに7名の独立就農、今までに経験したことのない豪雪や台風などの天候災害、静岡センターの完成、バイオマスボイラーや太陽光発電所などの再生可能エネルギーへの取り組み、ＪＡ真庭さんと地元生産者とのコラボレーションによる蒜山（ひるぜん）高原でのレタス栽培の取り組み、京都での九条ネギの生産開始などです。その中でも、東日本大震災とその後の原発事故は予想もしない出来事で、私の経営に大きな変化をもたらしました。

原発事故が起きる前は売上も順調に伸び、新たな取り組みの話も出ていて業績も好調でした。しかし、原発事故が起こると、とくに有機認証を取得した有機コンニャクや、添加物を使用しない漬物、冷凍野菜を栽培し加工するグリンリーフでは売上が下がり、震災後3年間、経常赤字（税引き前では東電からの補償があり黒字）が続くという大きな試練が続きました。

震災のまさしくそのとき、2月の決算が終了して3月になり、新しい期のスタートで、会社の経営方針発表会の最中でした。徐々に揺れが大きくなっていき、やがて地面が波打つように大きく揺れて、これはただごとでないと直感しました。その直感は当たり、その後の報道から大きな災害になっていることがわかったのです。野菜くらぶでは、新しい真空冷却器を2日前に発注したところでした。また、グリンリーフも工場の増設を計画中でした。まさに青天の霹靂で、急遽それらをゼロベースで見直し、発表していた方針を改めてつくり直すことにしたのです。

急変した外部環境はさらに変わり続け、時間がたつにつれて、把握できないところでさまざまなことが起こっていきました。最初に現れたのが、原発事故によるホウレンソウとかき菜の出荷停止です。その混乱の中、すべての野菜の注文が一時キャンセルになりました。それとほぼ同時に、計画停電による取引先の配送センターの機能低下で、順調だった漬物の販売が大幅に落ち込んだのです。そして、私たちの中心商品である有機コンニャクの注文は徐々に落ち込みました。有機認証を取得していても、群馬県産ということで小売店の棚から外され、一部は関西以西で生産されたものに代わっていったのです。

現在はその有機コンニャクも元に戻っていますが、そのとき、社会全体が経験のない出来事への不安で混乱していて、自分ではどうしようもない状況が続きました。一時は月商が前年の半分まで落ち込み、ヤバいと思う日々が続きました。ストレスのため、たった数週間で私の体重は8キロも増えたのです。

しかし、その混乱の中、今を支える新しい芽が出てきました。世の中に何らかのストレスがかかったときには、隠れていた弱い部分が露呈して顕在化してくるものです。その1つがエネルギーでした。そして、有機商品のあり方と海外からのオファーでした。さらに、お客様の利便性に一歩近づくための商品開発でした。今まで点として取り組んできたことを線にし、面にしていく商品づくり・仕組みづくりだったのです。

振り返ってみると、面白いもので、そういう危機のときに、それまで私たちの農場でできていなかったことが明確になり、お客様の変化に合わせて、商品や取り組み方を変えるきっかけができたのです。それが時を経て新しい需要を掘り起こし、お客様に支持された結果、内部取引を除いたグループ年商27億円に結びつきました。

そのような経験から、どんなことがあっても世の中が要求することを突き詰め、あきらめなければ、必ず道は開けると今になって実感しています。また、経営や商品づくりにはこれでよいという到着点がなく、常に成長している野菜と同じように、変化し成長していき、新たな実を結び続けることが求められていると実感しています。

一方で、農業や産業に関わる法律にも変化がありました。六次産業化法が制定され、その第1号案件として認定されたこともありがたいことでした。再生可能エネルギーの固定買い取り制度も大きな変化をもたらしました。低炭素社会への法整備もありました。ＪＡＳ法による有機農産物が海外で認められるようになりました。ＥＵやアメリカ、そして平成27年1月からはカナダでも、ＪＡＳ法による有機農産物と各国の有機農産物との同等性が認められ、日本の有機農産物や有機加工食品が世界に広がる土俵ができたのです。こう考えると、法律の下で私たちは経営をしていることを強く感じます。

この間、ありがたいことに、全国各地から講演に招かれました。講演の中では、そのときに対応したことや危機管理などさまざまなテーマでお話しさせていただき、その中でもとくに「独立支援プログラム」について多くの質問やご意見をいただきました。農業人を育て、農業経営者を育てていくことが今一番必要とされているのだと感じているところです。

皆さんから「成功する人とうまくいかない人、失敗する人の違い」について、いろいろな形で質問を受け、そのつどその違いについて私なりの考え方をお話ししてきました。今回、この5年間に起きた出来事と経験、仲間とのエピソードから、人財と農業と経営について感じたこと、思うところをこの1冊にまとめさせていただきました。そして、農業で成功する秘訣を8つの章に整理してみました。

少しでもこの本が農業を行う際のヒントとして参考になれば幸いです。

澤浦　彰治

平成27年春

第1章 農業で成功する人、うまくいかない人はどこが違うのか

第2章 自分の領域を守りながら規模を大きくする

第3章 4人の独立した先駆者に学ぶ「成功の秘訣」

第4章 成功している人がつけている記録と計画書

第5章 多くの中小企業経営者から学ぶ

第6章 弱みに負ける人、リスクを武器にする人

第7章 個人と組織の融合が、新たな強みを生み出す

第8章 小さな家族経営が農業の未来を拓く

第1章

農業で成功する人、うまくいかない人はどこが違うのか

1 農業で成り立っている人から学ぶ

成功する農業者は、農業生産で経営が成り立っているプロの農家に学び、地域の人たちからの情報を大切にします。しかし、うまくいかない人は、農業生産で成り立っていない農家から学んで、生の情報には関心を持ちません。

✚ 研修先を見誤ると、その後の事業はうまくいかない

新規就農者として独立した人を見ていると、教えてもらった農家と同じようなやり方を疑わずに行う人がほとんどです。そして、そのやり方はよくも悪くも身についてしまい、その後、やり方を変えていくことはとても難しくなります。これは会社のビジネスモデルを変えるのと同じくらい大変なことなのです。

あるとき、新規就農した人の講演を聞いたことがあります。その人は、農業が好きで農業法人で働いたあと、その紹介で農家に研修に入りました。その農家でさまざまな作物の栽培方法

を教えてもらい、2年後に晴れて独立しました。独立するときも、近隣の農家の方が土地や中古機械を貸してくれるなど、いろいろな協力もあったおかげで、無事に独立できたのでした。

その人は、教えてもらったように、いくつもの作物を栽培して、近くの直売所で販売しました。しかし、朝早くから夜中まで一人で働き、直売所に野菜を持っていっても、なかなか所得が上がらない日々が続きました。研修に入った農家のように余裕のある生活とはほど遠い生活です。サラリーマン時代に働いて貯めた貯金も使い果たし、もう限界で農業を辞めたいという内容の話でした。

では、なぜ、この人は好きな農業を辞めなければならないところまで追い詰められたのでしょうか。

それは、研修に入った農家の選定を間違えたからです。

その農家は、もちろん「農家」でした。しかしながら、その農家は農業生産だけで生計を立てているわけではなく、アパートなどを多数持ち、不動産所得を上げていたのです。そのことをわからずに、見た目に余裕のある農業生活のスタイルだけを見て研修先として選んでしまったのです。そのやり方を素直に学んで独立しても、その農家と同じように余裕のある経営になるはずがありません。これから農業を始める人に、果たして不動産所得はあるのでしょうか。つまり、農業を行う際の条件がまったく違って地代を払わなくていい畑があるのでしょうか。

いたのです。

これは極端な例ですが、そのようなことがあるので注意が必要です。

＋ 地域の人の経験や知恵を吸収しよう

成功している人は、必ずと言っていいほど、農業でしっかり生計を立てている農家を研修先として選んでいます。できれば、研修生が少ない、もしくはいない、プロの農家を研修先に選ぶと、経営の実態がわかっていいいと思います。

研修生が多くいる農家には、その経営者の魅力的な考え方や特別な技術があるから、それを習得するために多くの人が集まっています。もちろん、そういった技術や考え方を習得することは必要です。しかし、農業は労働集約型の産業であることを考えたときに、そこで技術を身につけたからといって経営で成功するとは限りません。なぜなら、研修をした人が独立したときに、その人を慕って研修に来る人はまずいないからです。

研修中は、自分の周りに同じ研修生として草取りをしてくれる人や苗を植えてくれる人がいましたが、独立した途端にそういう人はいなくなります。つまり、独立したあと、自分で人件費を支払って農業経営をするイメージができにくいのです。

そういった点で、成功している人は最初の研修先選びの段階で、農業だけで成り立っている経営者を選択しています。**研修先選びで、その後の経営が成功するかどうかの50％が決まる**といっても過言ではありません。これは、企業が間違ったビジネスモデルでは成功しないのと同じことです。

また成功している人は、地域で長く農業をしてきた人の情報をとても大切にしていることも共通しています。それは、大学などでどんなに農学を学んでも、いろいろなところで研修をしてきて農業のことを広く知っていても、かなわない知識や知恵があるからです。

気象条件や畑の癖は、その地域や畑ごとに違ってきます。そのことを長年の経験の中で熟知している地域の方はとても大切な存在です。そして、そのような人は、なによりも独立した人たちに興味を持ってくれます。何か問題が起きたときには、好意的に教えてくれることも多いのです。

成功している人たちは、地域の人たちからの情報によって、作物や畑にアクシデントがあったときでもいち早く対応ができ、大きな問題に広げないことができるわけです。

2 ここ一番でがんばれる人は何が違うのか

成功している農業者は、「今」やらなければならないことをタイミングを逃さずに行い、大きな収穫を得ます。しかし、うまくいってない人は時を意識せず、タイミングをはずして収穫期を逃すのです。

✚今日やるべきことは日が暮れてもやる

北海道で210ヘクタールの農場を耕している五十川勝美さんは、小麦の収穫を24時間稼働で3日間休みなく行うそうです。もちろんそのときには、昼夜、仕事をするわけですから、家族や社員で交代して収穫作業をします。

そのように短時間で集中的に収穫する理由は、収穫のタイミングを逃すと、麦が発芽してしまい、商品価値がなくなるからです。それにしても100ヘクタールをはるかに超える麦をたった3日間で収穫してしまう機動力とタイミングを見極める力は、長年の経験で収穫のポイントを熟知しているからこそできることなのでしょう。そして収穫する機械も、家が1軒建つくらい高価なコンバインを使用しているのです。

五十川さんには長年培った経験と技術の蓄積、そして大型のコンバインを独自で持てる財務的な余力があるために、このような農業が実現できるのだと思います。しかし、五十川さんもいきなりそのようになれたわけではありません。開拓で入植したのは昭和30年代だったそうです。息子の賢治さんの話では、開拓当時は薪にする木も手に入れることができず、ほかの人が薪にした残りの木の根をもらって暖房をしていたそうです。そういった厳しい暮らしの中で、無理をしながら規模を広げてきました。

五十川さんの言葉でとても印象に残った一言があります。

「今日やるべきことは日が暮れても家族みんなでやってきたんだ」

五十川さんと話をしていると、いい農業をして豊かになりたいという強い思いがそのようにさせてきたのだと実感しました。

✚「よくなりたい」という願望が大事

農産物の収穫は天候に左右され、一瞬のタイミングを逃すと、収穫量が変わるだけでなく、品質も大きく変わります。品質が少しでも悪くなると、加工用の野菜などではその後の歩留まりや作業性が変わり、作業時間がまったく違ってくるのです。

冷凍用のブロッコリーを例に挙げると、品質のよいものと悪いものとでは、加工をするときの人時生産性（一人1時間当たりの出来高）が倍近く変わります。つまり、後工程の人のことを考えてよいものを生産する人は、とても高い評価を受けて引き合いが強くなるのです。

五十川さんの農場におじゃましたときに、ジャガイモの選別機を見せてもらいました。驚いたのは、規格外のジャガイモまで傷をつけないようにする仕組みが徹底されていることでした。普通の選別機よりも1000万円くらいお金がかかるそうです。それでも特注の高価な選別機を導入しているのは、たとえ規格外品でもその後のお客様のことを考えて、傷をつけないようにしているからだそうです。そこまで気を遣うことで五十川さんの規格外のジャガイモは廃棄にならず、他の加工品として生かされることになります。

ここ一番でがんばれる人は、「将来よくなりたい」という願望を強く持っています。そして、具体的に農産物の管理のポイントを押さえ、それを一瞬たりとも遅れず行うことが、お客様のためになることをよく知っているのです。

3 機械や道具をきれいに長く使う

成功している人は、機械や道具を丁寧に長く使い続けています。減価償却が済んでも、買い換えずに使い続けているのです。なかにはトラックを30年以上使う人もいます。しかし、うまくいかない人は機械を買い換えるのが早く、小道具をよくなくします。

✚ 道具を大切に使うことで固定費を下げる

私たちの仲間に、雇用をしないで家族労力だけで効率的な作業をし、堅実な経営をしている林美之さんという人がいます。林さんはすべてにおいて丁寧な仕事をします。売上こそ派手ではありませんが、ものを大切に使うことで固定費（物件費）を極端に低くしているのです。そのもとにあるのは、「ものを大切にする精神」です。より具体的にいえば、「**ものを丁寧に使う心がけ**」「**自分で責任が取れる規模から逸脱していない経営**」です。そうすることで、所得率が高くなるのです。

たとえば、林さんが乗っている2トントラックは、30年以上使用しています。普通それだけ使えば、あちこちにガタがきて、見た目もボロボロです。とっくに買い換えていいところですが、そのトラックは型こそ30年前と古いものの、見た目はとてもきれいで、そんなに長く使用しているようには見えません。それくらいよく整備されているわけです。

林さんは小さなところにも気を遣っています。たとえば手袋。林さんは3つの手袋を使い分けています。収穫や出荷調整（野菜を量ったり袋詰めする作業）など細かい軽作業には、薄手のゴム手袋を使用しています。そして、機械作業には滑りにくく機械に巻き込まれにくい革手袋を使用します。重いものを持つときや濡れたものを持つときなどは、厚手の丈夫なゴム手袋を使っているのです。

この手袋を使い分けるというのも、実はとても合理的なことです。作業を素早く安全に、きれいにするだけでなく、道具を長く使うという工夫でもあるのです。

道具は適した状態で使用すると長持ちします。たとえば、薄手のゴム手袋で力仕事をしたら、すぐに切れてしまいます。また、厚手のゴム手袋が丈夫だからといって、その手袋で出荷調整作業をしたら、細かい仕事ができずに時間の無駄になります。革手袋も安全で丈夫だからと、濡れる作業に使っていては、すぐに皮が痛んで使えなくなります。

小さなことではありますが、1つ1つの道具の特性を考えて使い分けることが、少ない人数で最大の収穫と成果を上げる林さんの農業の特徴なのです。

＋整理・整頓ができないときは、すべてうまくいかない

一方で、うまくいかない人は、機械をよく壊します。そしてその機械は汚いのです。整備ができていないから、作業が始まるときに機械がうまく動かず、予定した作業がその日に終わらなかったりします。また、ものを探すのに時間がかかり、疲れる割に生産性が上がらず長時間労働になってしまうのです。

私の農場は、現在、新規就農者だけで運営しています。私自身は現場で指示ができないので、よくも悪くもそのときの担当者の性格や能力がすべてに出てきます。

業績がよいときには、必ずといっていいほど農場がきれいな状態にあります。機械のメンテナンスや整理がしっかりできているのです。そのようなときは売上が多いだけでなく、修繕費や農具費が少なく人件費も少ないなど、経費がかからないのです。

しかし、業績が悪いときには人の出入りが激しくなり、新しい担当者はそこまで気が回りません。目の前のことを行うのに精一杯の状態になってしまい、畑には収穫用のコンテナが置き去りにされていたり、草取りもできていなかったりします。そうすると、整備不足によるハプニングが次々に起こり、何度も無駄足を運ぶなど作業も遅くなります。トラブルへの対処に忙

殺されてしまい、動いている割に収穫量が上がらないのです。

さまざまな企業で5S（整理・整頓・清掃・清潔・躾）活動を取り入れています。農業者の中にも5S活動に取り組むところが多くなり、私たちも6年前に山梨県の農業生産法人サラダボウルさんからヒントをいただき、5S活動を取り入れてきました。

コンサルタントから5S活動の講義を受けたとき、5S活動の原点は農業にあるという話を聞きました。篤農家と言われる人たちが道具を丁寧に扱い、使った道具は洗って決められたところに整理し、いつでも使えるように整頓する、さらには作業場に土がつかないように常に清掃していることを、工業に携わる人たちが参考にして体系化したのが5S活動だそうです。

＋無から有を生み出している

ものを丁寧に使うことは試算表や決算書にも現れてきます。ものを丁寧に使うと、資産勘定に載らない機械をたくさん持つことになります。資産勘定に載らない機械は減価償却費という費用がかかりませんし、償却資産税もかかりませんので無料で使えるのです。成功している農家の人たちは機械や道具を丁寧に長く使うことで固定費を下げ、長期的に利益を出しやすい体質にしています。それによってさまざまなリスクに耐えられるようにしているのです。

まさに、**ものを丁寧に長く使用するというのは、無から有を生み出すことになる**のです。

これから独立する人にとっても、古い機械を丁寧に使っていくことはとても大切なことです。農業で独立するのであれば、できるだけ中古で機械を揃えることが鉄則です。今では新規就農者でも就農のための支援が手厚くなり、無保証など、簡単に低利で長期の借り入れができるようになってきました。農業で起業するにはとても恵まれた環境になっていますが、逆に考えると、何も考えず安易に新しい機械を購入する人も増えているように思います。

私たちは新規就農する人に最初から新しい機械を購入することを勧めません。たとえ借金することができたとしても、中古で入手できるものはすべて中古で揃えるようにしています。そうして、**スタート時のイニシャルコストをかけずに固定費を下げ、身軽にスタートさせる**のです。これは成功するための大きな秘訣です。

4 就農のための支援資金の使い方を間違えない

今、就農にあたってさまざまな支援制度ができていますが、私はその使い方についてとても危惧しています。就農準備金や制度的な支援が諸刃の剣になっているからです。まだ、その支援制度の成果ははっきり出ていませんが、使い方を間違えると、うまくいかないのではないかと思うことがあります。

＋技術が身につくまでは就農のための支援制度を利用しない

独立してから5年間、もし収入が一定額を下回ったときに、1年150万円の補填をしてもらえる制度があります。これは天候不良やアクシデントがあっても安心できる制度です。また、借り入れの返済についても、無利息で5年間の据え置き期間があるというのは、資金に余裕のない立ち上げ時にはとてもありがたい制度です。さらに今後は、担保なし、保証人なし、無利息で３０００万円前後のお金が借りられるようになります。農業で独立する人にとってとても充実した制度です。

恵まれた制度で独立がしやすくなりましたが、農業技術を持たない人がこの制度を安易に利用するのは危険です。簡単に借り入れをして赤字補填資金にすると、まったく返済できなくなる事態に陥ります。当然、行政も歯止め対策はするでしょうが、これから農業を始めたい人は制度の使い方を間違えないようにする必要があります。

以前、講演に行ったときに案内をしてもらった行政の方が悩んでいました。

「この制度の目的を勘違いした人からの問い合わせが多くなり、その見極めが難しくなっています。中には、すでに間違えて使っている人が出ているんです」

この制度で給付金をもらうことを目的として、農業に就く人が出てきたというのです。独立して農業生産をしっかりやっているようには見えない人でも、簡単に制度を利用してしまい、悪く言えば、失業手当的になってしまうのではないかと心配していました。もちろん、そのような人に使わせない対策はしているそうですが、支援の終わる5年を過ぎた頃から経営が回らなくなる人が増えてくるのではないかと危惧していました。

就農のための支援資金などはとても恵まれた制度ですが、これからしっかり成功していきたい人は、**必ず農業経営をしている人から技術的にも認められた上で、そうした制度を利用する**ことが絶対条件です。成功するには必ずそのような師を持つことが必要です。正しいアドバイスを得られる師を持たないまま、これらの支援制度を使用するのはとても危険だと思います。

5　労働時間は午前8時〜午後5時に縛られない

成功している農業者は既定の労働時間に縛られていません。作物中心、お客様中心で自分の時間を使うのです。しかし、うまくいかない人は、一般的な労働時間である午前8時〜午後5時という時間に縛られて働いています。

＋時間に縛られていたら良質なものはできない

農業は労働基準法の一部について適用外になっていますが、最近、農業の現場でも労基法遵守が求められることが多くなってきました。もちろん法人として働いている人たちの労働環境と福利厚生面や待遇を改善していくという観点から、労働時間についても見直していくことは必要だと思います。しかし反面で、農業は、自分のスキルを高める努力をせず労基法や就業時間に縛られて働く人が豊かになれる職業ではないのです。

成功している農業者は、よい作物を栽培するのに必要とあれば、**朝でも昼でも夜でも、どんな時間帯でも学び働きます。**

たとえばハウス栽培のホウレンソウでは灌水作業（水やり作業）をしますが、よいものを栽培しようとすると、灌水作業の最適な時間帯は夏と冬とでは違ってきます。夏は日が暮れた夕方7時から行います。なぜなら夏の日差しは強く、気温も地温も高く、朝や昼間の灌水では蒸発して、土の深いところまで均一に水が浸透しないからです。こうなると、生育が不均一になってしまいます。これを夕方に行うことで、地面の温度が下がり、灌水した水も蒸発量が少なくなり、夜間、土の中に均一に水分が広がっていき、生育も揃います。

逆に冬は朝日が出てから行います。冬は気温や地温が低いので、地温や気温を下げないことがとても重要になります。夏と同じように夜灌水をすると、日中暖まった土を冷やしてしまい、夜間の成長を抑えてしまいます。だから、朝、灌水をすることで、日光によって土が暖まり、そのまま夜も冷えることなくホウレンソウが生長するわけです（もちろん、このやり方は地域や施設、気候や条件によって違ってくるので、普遍的ではありません）。

どちらの時間帯も午前8時～午後5時ではありません。労働者の権利を主張して農業をしたら、当然よいホウレンソウはできません。良質なホウレンソウができなければ収入も少なくなります。それでは豊かな暮らしが成り立つわけがないのです。生きものを扱う農業という仕事では、そのような権利は害になるだけでよい結果を生みません。作物のことを一番に思う愛情こそがよいものを育てるのです。同じようなことは、農業以外の職業にも言える場面がたくさんあると思っています。

＋誰もやらないことだから高付加価値がある

私たちの農場がある群馬県昭和村近辺は朝取りレタス発祥の地です。昭和村に隣接している沼田市利根町に、ヤマダイ物産という会社があります。そのヤマダイ物産の現会長の小林重勝さんが今から35年くらい前に、朝収穫したレタスをそのまま都内の高級スーパーに売り込みました。朝収穫したばかりのレタスは新鮮で高い評価を受け、そのスーパーとの契約取引が始まったのです。毎日約束した量のレタスを開店前に届けるという、それまでにない販売と生産が一体となった仕組みづくりが始まったのでした。

生産者は朝というより夜中の2時くらいに起きて収穫を始め、朝6時にはトラックにレタスを積んで東京向けに出荷しました。今では日の出前にレタスを収穫するのは当たり前になっていますが、当時はいろいろ批判的な話も聞きました。

「なぜ日が出る前の夜中に働かなくてはならないんだ。そんな思いまでして農業をするなんて……」

こう言う人も多くいました。農業の指導機関が農家にサラリーマン並みの労働時間を指導していた時代だったこともあり、そのような話がよく耳に入りました。今では笑い話ですが、当時この近辺では、

「昭和村に嫁はやるな。働きすぎて殺される。嫁にもらうなら昭和村の娘をもらえ、働き者で楽になる」

という皮肉な噂もあったくらいです（今ではそのような噂はありません）。

そして、時がたつにつれて朝取りレタスの技術も整い、機械化も進んできました。早朝に収

穫作業に来る人の労働体系も整って、安定した農業が確立できたのです。そのような先人の努力もあって、今では耕作放棄地はほぼゼロの状態で農業後継者も多く、既婚率も高く、農業所得で立派に生活が成り立つ農業の盛んな村になったのです。

私はときどき「もしその時代にヤマダイ物産の当時の社長の小林さんが朝取りレタスをやらなかったら、また、周りの農家の人たちが指導機関の言うように午前8時~午後5時の労働時間に縛られて取り組まなかったら、私たちの地域は農業が盛んにならなかっただけでなく、私たちの会社も存在しなかったのではないか」と思うことがあり、先人たちの努力に感謝せずにいられません。

時間に縛られた働き方をしていては、本当によい農産物やお客様を満足させるサービスを提供することはできません。とくに農産物は生き物なので、24時間そこに意識を向けることが独立して自分で経営する上でも、農業法人の社員として農業に関わる上でも、とても大切です。

そしてこれと同じことは、実は農業生産だけでなく、加工や販売に関わる場合でも言えるのです。

6 成功する農家はみんな高いモティベーションを持っている

成功している農業者は、継続的なやる気を持ち、どんなときでもあきらめない心構えを持って行動しています。しかし、うまくいってない人は、外部環境がよいときはやる気になりますが、アクシデントがあるとすぐやる気をなくして逃避してしまうのです。

この「意志から生まれてくる継続的なやる気」こそ、モティベーションと言えるでしょう。

✚「一時的なやる気」と「継続的なやる気」

それと同じような言葉にテンションがあります。テンションとは、その場の気分で盛り上がったやる気と言えます。それは、お祭りで気分が盛り上がったり、集団で同じ行動をとって一時的に盛り上がるようなものです。当然、盛り上がる外的要因がなくなればそのやる気のレベルは低くなってしまいます。

モティベーションもテンションも生活の中では大切なことですが、とくに農業を行う上で必要なのは**高いモティベーション**です。

農業で独立したいと私たちのところを訪ねてくる人たちは、年間に数十人います。その人たちを見ていると、テンションの高い人が多いと感じています。農業がテレビなどで取り上げられニュースなどに出ると、多くの人が「これからは農業だ！」と言って集まってくるのです。

平成９年から、新農業人フェアという農業法人の合同会社説明会が、東京と大阪を中心に全国の主要都市で開かれています。私たちの会社は初回から参加していますが、そのときどきの世相で来場者の数や質が大きく変わってくるのを肌で感じてきました。

リーマンショックのあとに派遣切りが話題になったとき、ニュースで「農業への就職」が大きく取り上げられました。その報道のあと、新農業人フェアの来場者数は過去最高で、私が聞いている限り現在もその数は超えていないようです。

そのとき、「今、農業が熱い！」「都会の人が農業で成功！」と、たくさんのテレビカメラが取材に来ました。私たちのブースも人盛りです。それまでは一人ひとり丁寧に説明をしていたのですが、来場者数が多すぎて、５～６人いっぺんに行うような有り様でした。

その年の新農業人フェアにはたくさんの来場者がありましたが、結果的にそこで会った人を採用することはできませんでした。数ばかり多くて、高いモティベーションを持つ人が、多くの人に埋もれてしまい見つけ出すことができなかったのです。そのときどきの世相に右往左往する人は、本当に農業をしたい気持ちを持っているわけではないということだけはよくわかりました。

✚うまくいかない人は辞めるときの理由がいつも同じ

しかし、どんな時代にも、本当に農業をやりたいと思っている人たちは、ある一定数います（比率でなく、絶対数として）。新農業人フェアに17年間ほぼ皆勤で参加していると、毎年数名「この人は！」と思う人に出会えます。そのような人たちは場当たり的に「農業をやりたい」とは思っていません。「この人は！」と思う人に共通しているのは、まず職業を持っていることが多く、その職の中でもリーダー的な立場にいる点です。当然、しっかり預金をしています。

そして、家族の理解もあり、農業について地に足のついた準備をしています。学生であれば、インターンシップへ参加するなど、学生のときにできる就業体験などをして、体を使って農業について学んでいます。モティベーションの高い人は世相がどうであれ、**自分の意志で準備をしている**人たちです。このような人たちは農業の世界に入っても成功する確率がとても高いと思います。

しかし、一時の雰囲気で「これからは農業だ」という人は、結局、あきらめるのも早いのです。以前、研修したいと押しかけて来た人が何人かいました。当時、私は「やる気がある」と評価して採用したのですが、その人たちは意外にもちょっとした逆境にぶつかると、「農業は私に合ってない」とか「私がやりたいこととは違っていた」と言って去っていきました。そう言って去っていった人は正しい選択をしたと私は思っています。なぜなら、そのような心持ちで独立をしたら、本当に取り返しのつかない人生になってしまうからです。

さらに付け加えると、うまくいかない人が辞めるときの理由は、その人が前職を辞めた理由と同じです。辞める理由はその会社にある場合もありますが、そのほとんどは辞めていく人にあります。完璧な組織は世の中に存在しません。なにかうまくいかないことがあったときに、その人がどうやってその問題を乗り越えていくのかが試されているのです。今までの傾向として、転職を多くしている人の転職のタイミングと退職の理由は、だいたいいつも同じなのです。

同じ職場で長く働いて成果を出す人は、何があってもあきらめない意志とリーダーシップを持ち、現状を改善して乗り越えていく方法を身につけています。一生で数十回しかできない農業では、この能力（モティベーション）が一番重要なのです。

7 避けては通れない強い体づくり

成功している農業者は丈夫な身体を持っています。また、歩くスピードが速いことも共通しています。残念ながら、体力がなければ農業経営は至難の業です。

✚ 成功者は競技スポーツ経験者が多い

京セラの創業者・稲盛和夫さんから「経営は格闘技と同じ」という話を聞いたことがあります。まさしく私もそのように実感しています。私自身は中学のときに柔道、高校からはウェイトリフティングをしていた経験から、試合の前の心の状態と経営者としての心の状態をいつも同じように感じています。

農業で独立した人や農業経営をしている人の多くは、強靱な体力の持ち主です。絶対とは言い切れませんが、成功している人たちの多くは少なからずスポーツの競技経験をしています。私たちのところで成果を出している人たちの中には、野球やテニス、柔道や剣道、登山、空手、バレーボール、サッカー、陸上、ソフトボール、体操、卓球など、さまざまなスポーツ経験者がいます。中には全国的に活躍した人や甲子園を目指していた人、国際大会に出た人もいます。私はこうした人たちを見ていて、**競技スポーツと企業経営や農業には共通点がとても多い**ことに気づきました。

✚ 速くやり切る強靭な体力が必要

経営者の生活は常に仕事のことが中心です。夜中であっても仕事をすることが求められます。独立する人であれば、日夜仕事をすることは当たり前ですが、社員として農業をする場合も同じようなことが時には求められます。

なぜなら、生き物を扱っているからです。必要なタイミングを逃してしまったら、取り戻すことはもはやできません。その大切なタイミングのときに、きちんとやり切れる体力があるかどうかはとても大切なのです。

また、作業をいかに速く行うかも生産性に直接結びつきます。経営者や管理者の作業スピードが遅ければ、そこで働く人たちの作業スピードはそれに合わせて遅くなります。経営者や管理者以上にがんばって速く仕事をしようという人は、よほどのことがない限り存在しません。

つまり、**経営者や管理者の能力がそのまま農場全体に影響する**のです。それで収益が決まるといっても過言ではありません。

そういった視点からも、やり切れる強靭な体力とスピードが必要です。これは理屈ではないのです。

8 できないことに直面したら、どう行動するか

成功している農業者は「できないこと」に直面したときに、できる方法を考えます。決して「できない」とは考えません。しかし、うまくいってない人は、すぐにできない言い訳や理由を見つけて、「無理」と答えを出してしまうのです。

✚ お客様の要望の中にイノベーションがある

お客様は常に現状できていないことを要求してきます。それは当たり前のことで、だからこそ、それに応えた人がお客様の支持を得られるのです。とくに営業に関わる人たちや、お客様といろいろな場面で会う人たちは、その**要望に対して「できない」と即答してはいけません。**

それは大きなチャンスを逃すことになるからです。営業であれば営業失格です。生産する立場であれば、自分に技術はないと降参したのも同然なのです。

業績を伸ばしている農業経営者は、必ず新しい情報を手に入れて、新しいことにチャレンジしています。以前、ある取引先から加工用キャベツの契約栽培の依頼がありました。それまで私たちのところでは加工用のキャベツなどつくっておらず、1個単位で販売していました。仮に1個1キログラム100円のキャベツで、10アールあたり5000個の収穫なら50万円というのを1つのラインとすると、加工用キャベツはキロあたりの単価がそれよりも安かったのです。生食用キャベツの生産方法だと赤字になってしまい、とても無理な話でした。

そこで、収穫量を個数で考えるのではなく、大きく育てて重量でとらえるように考え方を変え、栽培方法もそのように変えました。もちろん、今までにやったことはありませんから、絶対にできるという保証はありません。

お客様からの要望に、あるキャベツ生産者は積極的に情報を集めました。品種選択からはじまり、リスクのない栽培時期や収穫方法、納品方法などを考えて、できる方法をお客様と模索したのです。1年目は小さな面積で栽培技術と流通の検証をし、2年目から本格的な栽培に入り、3年目は栽培できる時期を広げていきました。そうすることで、リスクを最小限に抑えながら、現在の経営に悪影響を与えることなく、当初できないと思っていた加工用キャベツの生産ができるようになり、収益も当初の見積もり以上に上げることができたのです。
それだけではなく、販売先の幅も広がり、畑の歩留まりも上がって生産性が高まりました。
つまり、お客様の小さな要望は、そのお客様だけが要望しているわけではなく、**多くの人が同じ要望を持っていることが多い**わけです。できないことに対応することは、先駆者利益もあるのです。

✚ 要望は細かく分けて、時間軸で考える

しかし、うまくいかない人は、そういったお客様の声に気づかないことが多いようです。また、技術や手法を変えることを拒みます。ほとんどの場合「俺のものが一番」と思い込み、真の改善や新しいことにはチャレンジしないのです。

私は新しいことや要望に応えるために、時間軸で考えることがとても大切だと思っています。お客様や世の中の要望にはすぐに対応できる小さな要望から、すぐには対応できない大きな要望まで数限りがありません。だいたい、すぐ対応できる要望は価格や規格変更に関することが多いのです。

もちろん、こうした要望に自社の利益を確保しながら応えることは大切ですが、本当に重要なのは、なかなかできそうもない、年月をかけなければならない大きな要望に応えることなの

です。そのような要望があったときに、「できない」という言葉を使ってしまうのは、本当にもったいないことだと思います。

そういった要望は、お客様や生産者、世の中などから明確な要望として出てくるよりも、ほとんどの場合は**小さな不満や不平、絶望などのつぶやきの中にあります**。そのようなことを集めていくと、世の中の大きな要望につながることがあります。だから、要望をできる限り細分化して、それを時間軸に落とし込むのです。そうしていくことで、できる可能性がたくさん生まれてきます。

少し例は違うかもしれませんが、「夢」はそれをいくら語っても淡い夢でしかありません。本当に大切なのは、「夢」を時間軸に細分化して、具体的な目標設定に落とし込み、実行していくことです。

スーパードライをビールナンバーワンにした、アサヒビール元社長である故瀬戸雄三氏は「夢に日付を」と常に言っていました。私は仕事上で瀬戸さんとお会いする機会があり、その話を何度か聞くことがありました。何回聞いても、まさにその通りだと感銘を受けました。それと同じようにお客様からの大きな要望についても、できるだけ細かく分けて、実現の日付まで落とし込んでいくことが大切なのです。

私は大きな要望、できそうにもない要望を聞いたときは、「今はできないが、時間と資源をこれだけかければ必ずできる」と、いつも考えるようにしています。

9 畑や作物よりもお金が好きではうまくいかない

成功している農業者は、お金を大切にしますが、収入は結果と考え、いかによい農産物を生産するかという技術的なところに能力や思考を使っています。しかし、うまくいってない人は、技術や栽培過程にはあまり興味を持つことはなく、まだ手にしてない結果の収入ばかりを気にすることが多いのです。

✚お客様の要望に応じられる技術を目指せ

農業は作物を育てる技術産業だといっても過言ではありません。ただし、その技術とは「俺のつくった野菜が一番だ」という第三者の評価がない、独りよがりの技術ではありません。

本当に必要な農業技術とはお客様という対象者が明確にいて、その人が価格面だけでなく「この人からまた購入したい」と思える農産物を栽培できる技術だと考えています。

たとえばレタスを例に挙げると、お店で販売するレタスは手頃なサイズに揃っていることが重要で、見た目のきれいさ、おいしさ、鮮度が要求されます。しかし、栽培内容を気にしている生協さんなどで最優先されるのは、生産履歴がわかること、農薬や化学肥料などを減らした栽培方法、おいしさ、手頃なサイズなどです。また、加工メーカーになると、大きなサイズで作業性や加工歩留まりがよいこと、さらに安定した供給体制であることが優先されるのです。

つまり、**お客様がどのような業態であり、どのような要望であるかによって、肥料の成分からはじまり品種、植え付ける時期や畝（うね）の幅、収穫適期や収穫方法が変わる**のです。それらの顧客の要求に応えられる技術が本来追求するべき技術です。

✚お金のことしか考えない人にお金は残らない

私たちのところでうまくいっている人の共通点は、よい農産物を栽培することに一番の興味を持っていることです。どのお客様がどのような要望を持ち、それにどうやったら応えられるかを考えています。

そのような人は、お客様の要望に合う農産物を栽培するから必然的に売上も増え、作業性もよくなり、少ない労力で多くの所得を得ることができるわけです。また、技術が所得に直結していることを体感しているので、常に技術の話で盛り上がります。どうしたらよい農産物ができるか日夜考えているからこそ、必然的にそのような話題になっていくのです。

しかしながら、そもそも儲けることにしか興味がない人は、技術のことよりも面積を増やしてもっと多く収量を上げることばかり考えます。どの顧客に対して栽培するのかを考えず、どこにでも出せるような規格を目指して生産します。だから、できた野菜も中途半端で、お客様からの強烈な支持は得られず価格競争に陥っていくのです。

そして、畑の歩留まりも下がり、余計な労力ばかりかかるようになります。技術が低い分を量で補おうとするから、たとえ売上が伸びても歩留まりが悪く、その分余計なコストがかかってきます。

極端な話ですが、同じ面積から200箱出荷できる人と、100箱しか出荷できない人の所得を比較した場合に、売上は単純に半分ですが所得（利益）は2分の1ではないのです。それは、収穫するまでに投下した肥料や資材、そして労働力が固定費となり、収穫量に関係なく同じく負担としてのしかかってくるからです。つまり、固定的にかかる費用を引くと、100箱しか出荷できない人の所得はマイナスにならなければいいくらいになるのです。

10 適正規模で経営をする

成功している人は、最初から成功する規模で栽培計画を立て、それに向けて行動していきます。しかし、うまくいかない人は、栽培で成功することだけにとらわれてしまい、極端に小さな規模で計画して、経営で成功する面積にならなかったり、その逆に、自分の力を遙かに上回る夢の計画を描いたりします。

✚ 農業にはほとんど変動費はない

農業簿記を習った人の中には、この点を錯覚して、規模の間違いに陥る人が多いように思います。農業簿記は工業簿記を農業に流用しています。工業簿記では、変動費の科目に原材料や工具などがあります。これを農業に置き換えると、原材料は種や肥料に当てはまります。そして、工具は農地や農薬、資材に当てはまります。ですから、それらの科目を変動費として扱うのが農業簿記の通例になっているのです。実際にそのように指導している人が多く、私も以前そのような科目を固定費から変動費に変えるよう指導されました。

しかし、これでは栽培シミュレーションによって利益が出るモデルを模索することはできません。なぜかというと、その理由は変動費の定義にあるからです。

変動費とは「売上に連動して増える経費」です。しかし、農産物の場合、出来不出来によって市場の価格は変わります。たとえ契約栽培であっても市場の価格が安くなると、注文が減ることがよくあります。また、天災によって収穫がなくなることもあります。ですから、売上金額と栽培にかかった肥料や種、地代、農薬、資材などは、一定の割合で連動しないのです。

農業の場合、工業簿記や商業簿記でいう変動費とは、市場の手数料くらいだと思います。それ以外は**固定費に近い性格を持つ**のです。私たちのところでは、農場の経費すべてを固定費として考えていましたが、農業には2つの変動費があるとわかって、とてもすっきりしました。

✚ 2つの変動費で考えよう

2つの変動費のうち1つは「**販売変動費**」です。これは販売額に応じて増える経費です。契約栽培の場合、出荷手数料や段ボール代、輸送費などがそれに当たります。

そしてもう1つが「**栽培変動費**」です。栽培変動費とは、栽培面積に応じて増える経費のことです。地代や種代、肥料や農薬代、資材費などがそれに当たり、固定費に近い性質を持っています。

そして固定費は、それ以外の人件費や減価償却費などになります。

栽培変動費は、何をどれだけ栽培するかという時点で発生する費用です。それに伴う売上は、播種して天候の影響を受けながら農作物が育ち、数カ月後に販売をするという段階になって、市場の影響を受けて決まります。工業製品のように、最初に経費をかけて製品になり、換金化されるまでの時間が短い業種や、生産に天候の影響を受けない業種とは変動費の性質が違います。

農業は播種から換金までの時間が長く、価格変動と天候の影響を受けやすいので、すべて固定費として考えるか、変動費を２つに分けて考えたほうがより現実に近い計画になるのです。

この方式で計画したときに、何が一番利益に直結しているかがわかってきます。売上を伸ばし経費比率を下げるにも、**栽培変動費を下げることが一番重要になる**のです。そのためには、人件費と減価償却費などの固定費を最低でもまかなえる栽培面積がまず必要になります。そして、その面積の裏付けとなる歩留まりが重要になります。畑の歩留まりを上げるには、技術を高めるしか方法はありません。同じ面積からたくさんの収穫ができれば、売上も増え、栽培変動費率は下がるのです。

通常の農業簿記の考え方で計画を立てると、変動比率が高くなり、本来の経営よりも小さな経営で成り立つシミュレーションになってしまう傾向があるため、低い目標設定になったり、自分の能力を超える高い目標設定になったりします。また、歩留まりを一定で考えるため、技術向上に視点が向かないのです。ですから実際に栽培を始めて歩留まりが変わると、経費は計画どおりにはならず、計画が実現しないことになるのです。

✚帳簿には出てこない「技術」という資産

簿記という観点でもう1つ重要なことがあります。前著でも書きましたが、貸借対照表の中に「技術」という科目がないことです（技術を数値化することは難しく、現実的には無理だと思いますが）。

農業は技術の有無によって生み出すお金の量が変わってきます。他業種で言えば、のれん代や特許などのブランド価値、知的財産などかもしれません。この技術がなければ、創業してから多額のお金がかかります。技術を身につけるためにはさまざまな失敗や研修費などがかかりますが、それらはこの技術という資産を増やすことになるのです。

だから、技術を持たない人が創業するときには、「研修期間」という時間を使って、それを身につけていくわけです。私はこの期間がだいたい2年前後必要だと考えています。研修をして最低限の技術を身につけてから創業することで、少ない創業資金で成功する可能性が高まるのです。

農業を行う上で販売はもちろん大切ですが、このように簿記の観点からしても、**成功するために技術の習得が一番重要**になってきます。販売と栽培のどちらに重きを置くかを比べると、販売も意識しながら、やはり技術力を上げようとしている人のほうがより多くの所得を得ています。

11 成功者は楽観的な考え方をしている

成功している農業者は、自分の意志で行動します。そのため、自分が支配できない外部要因に振り回されて悩むことはなく、その状況を受け入れます。また、安易にうまい話には乗りません。しかし、うまくいってない人は、目の前にある改善策（利益の源泉）には目もくれず、うまい話にすぐに乗ってしまうのです。そして、自分がコントロールできない外部要因に意識をとられ、無駄な努力をしてしまいます。

✚アクシデントがあっても柔軟に対応できるか

成功者は肯定的な感情（喜び、楽しさ、嬉しさ）を意識的に周囲と分かち合い、多くの人を惹きつけます。一方、うまくいかない人は否定的な感情（憎しみ、怒り、妬み）をそのまま人に向けてしまいます。その結果、真の仲間を失ってしまうのです。

アランの『幸福論』の中に「悲観主義は気分に属し、楽観主義は意志に属する」と書かれています。私はこの言葉を尊敬する経営者から教えてもらい、それが心の中に強烈に残っています。なぜなら、農業をして成功している人とうまくいってない人の違いが、この言葉に表れているからです。

成功している人は**常に自分の意志で物事を考えます**。農業をしてきた経験が長いからそうなるわけではありません。もちろん、長く成功している経営者はこのように考えて行動しますが、始めたばかりの人でも自分の意志で物事を考えているのです（他人の意見を聞かない意固地とは違います）。そういう考え方の人は、最初から成功の道を歩んでいるわけです。

平成25年8月に「株式会社とわ」を設立して独立した白井佑介君は、翌年に1年目の決算を終えました。すばらしいことに、1年目から役員報酬を取りながら利益を出すことができました。

白井君は、当時独立したばかりの先輩農業経営者、深川知久君のところで従業員として働き始めました。彼の実の兄は、アフガニスタンで農業指導員として活躍していたときに凶弾に倒れた伊藤和也さんという方です。お兄さんへの思いもあるのでしょう、彼は農業への強い意志を持っています。就職してからは、深川君から指導を受けながら作物の管理を学び、それだけでなく他の生産者からも貪欲に技術を学んでいきました。

数年後、自分で農業経営をしたいと申し出た白井君は1年がかりの引き継ぎをして、再度、自分に不足するところを補うために研修に入りました。そして平成25年に独立したのです。

作物はレタス、栽培面積は5ヘクタールでのスタートでした。しかし、スタートするとアクシデントが起こったのです。

突然、従業員が来なくなりました。彼はすぐに再募集をかけながら、栽培面積を自分で管理できる適正値に減らす決断をしました。売上が不足することに対して、夏場に枝豆を生産することで補う計画を立て直しました。彼は常に「私はこうしたい」という意志のもと、それを実現するための方法をいろいろな人から学ぶ柔軟さを持っているのです。

✚ 誰かの責任にする人は成功できない

「意志が固い」というのは、「頑固」や「意固地」と似ていますが、実はまったく違います。

「頑固」な人や「意固地」な人は、芯となる意志が強い部分は同じでも、それを実現するための新しい方法や手法などを受けつけず、人から学ぼうとしません。自分に合わなければ、気分のまま否定的な感情を人にぶつけてしまいます。他人の意見を聞くことをせず、考え方も変えないなど柔軟性に欠けるのです。

逆に意志の弱い人は、自分が何をどうしたいかという意志がないため、人から聞いたことを鵜呑みにしてしまう傾向があります。だから、やることが右往左往して、結果としてうまくいかないことが多いのです。

うまくいかないときに、そのような人はよくこう言います。

「○○に言われてやった」

「○○の指導のせいです」

他人に責任を押しつけるようなことをヌケヌケと言うわけです。他人や行政や世相に、自分の経営をいとも簡単に預けてしまいます。私はJAの組合員でありますが、ほとんど取引はありません。しかし、JAを悪いとは思っていません。いろいろなところでJA批判を聞くことがありますが、ときどきとても腹立たしく思います。

「JAの指導が悪かったから、今の農業の衰退がある」

「農政の失態が現状を生んだ」

確かにそういった一面もあったかもしれませんが、結局、そう言っている人たちは、自分自身の意志で自分の経営を見ていないのです。自分のうまくいかないことを行政や農協の責任にし、それを正当化してくれる学者や評論家に心酔して、他人に責任を転嫁しているにすぎません。

それで自分の経営の何が変わるのでしょうか。もし行政が悪かったりＪＡが悪いのであれば、時には独自の道を進むのも選択肢の１つです。自分の責任で経営していくことが経営者として重要だと思っています。

やはり**大切なのは「私はこうしたい」という意志と、それを柔軟な姿勢で実行すること**です。そうすることによって、その思いに共感する人たちが応援団になり、「私はこうしたい」ということが成功に近づいていくのだと思います。実際に、私の周りではそのような人が農業の現場で成功しています。

そういった意味でも、アランの「悲観主義は気分に属し、楽観主義は意志に属する」という言葉は大きな示唆を与えてくれるのです。

12 「天候のせい」を本当の理由にしない

成功している農業者は、天候をうまくいかない理由にしません。しかし、うまくいってない人は往々にして「天候が悪かったから……」と言い訳することが多く、それ以上の問題解決をしないのです。

＋事前にリスクを考えて準備をしておく

同じ地域で同じ機械を使用し、同じ野菜を栽培していても、ある人は天候が悪いなりによい野菜を出荷しますが、別の人は天候が悪いと出荷もできなくなることが多々あります。それは、後者が天候を真の理由だと思い込んでいるからです。

平成26年はさまざまな天候被害がありました。温暖化の影響なのかその原因はわかりませんが、天気予報やニュースで「数十年に一度」「観測史上初」などという言葉が頻繁に流れるのを見ると、確かに天候はおかしくなってきたと考えられます。私たち農家は、太陽の光、水、大地と空気を利用して作物を育てていますので、天候の影響はそのまま作物に伝わります。

そういった中で、作物がよくできない理由を「天候が悪かったから」「長雨の影響で」「大雪が降ったから」「干ばつだから」「突風が吹いて」などと言います。もちろん、そのことは間違いではありませんし、そのときの状況をお客様に早く理解してもらうためには、そう説明する必要はあります。

しかし、農業者が継続的に生産をしていく上で、その言葉を真の原因にしてしまっては、よりよいものにするためのアイデアは出てきません。改善策も生まれません。なんの改善や改良もしないで同じ状況が続けば、いずれ経営として成り立たなくなっていくでしょう。

つまり、**異常気象や天候の影響に対しては、そうなることを前提にして、個人と組織で準備しておく**ことが重要です。長雨や干ばつで生産量が多少左右されても、収穫量が大きく左右されないように準備することが大事なのです。

そのためには、栽培する畑の状況（水はけ、傾斜、灌水設備の有無、風の向きなど）を知り、栽培する畑を分散することから始めます。さらに、栽培する野菜や品種を分散させたり、肥料を変えたりするのです。そうすることだけでも被害を最小限にすることができます。常にいろいろな天候リスクを考え、対策をシミュレーションしておくことです。

✚ 被害が出たのはこちらに原因がある

平成26年2月14日、たった半日の間に、私たちの地域に1メートル50センチもの大雪が降り積もりました。77歳になる父も初めての経験だそうですから、当然、私には経験のないことでした。私はちょうどドイツで行われていた有機食品の展示会から帰ったときでした。東京で足止めになり会社に戻れず、東京で2泊過ごすことになりました。

気が気でない中で社員から情報を聞き、100棟あるハウスがどのようになっているか想像しました。私の農場のハウスは1メートルの積雪には耐えられるようにブレスという筋交いを入れてありました。「耐えられているか、つぶれていないか」と心配しながら、2日後になんとか農場に戻ることができました。

現場に行く途中、遠望したところ約8割のハウスが倒壊していることが見て取れました。周りでもたくさんのハウスがつぶれ、「大雪の影響で……」と私も思いました。しかし、私の農場から1キロメートルくらいのところにあるハウスはつぶれていなかったのです。

この違いは何だろう？　よく観てみると、そのハウスは雪が降ることを想定し、毎年秋に新しいビニールにしていました。なおかつ、2棟に1棟ずつハウスのビニールを剥いで、畑を休ませながら落ちた雪の行き場をつくっていたのです。雪対策の違いで、大きな投資をしなくてもハウスをつぶさずにすんだわけです。

つまり、**大雪はそのときに起きた現象ですが、ハウスがつぶれた真の原因ではなかった**のです。私たちのハウスの８割が倒壊したのは、1メートル50センチの積雪があったことではなく、そのような雪が降っても耐えられる構造にしていなかったことや、事前の準備ができていなかったことにあることを、そのハウスから知ることができました。

この教訓から、次に建てるハウスは限られた予算の中でどんな風雪があってもつぶれないしなやかな構造にすることにしました。以前は1メートルの積雪でもつぶれない強固なブレス（筋交い）を入れたのですが、それと同じように1メートル50センチの積雪でつぶれない強固なものにするのは、コストがかかりすぎるのであきらめました。雪が降るときや風が吹くときには、簡単に天井のビニールをはがせる構造にしたのです。そうすることで一時的に収穫ができず不安定になりますが、出荷できない時期が半年も続くようなことはなくなります。

さらにこの方法にすると、私たちの技術不足で今までうまくいかなかったことが改善されるようになります。今まで私たちの農場では、夏場の気温上昇への対応がうまくできてなかったのですが、この方法にすることで、夏場も涼しい環境でホウレンソウを栽培することができるようになるのです。

この雪害では、とてもありがたいことがありました。延べ２００名を超えるたくさんのお客様や取引先の方々に、ボランティアでハウスの撤去作業をやっていただけたのです。そのおかげで、初夏までには撤去がすべてすみ、路地での栽培を始めることができました。また、多くのお客様から義援金をいただき、行政も再建費用の9割を補助金として出すことを素早く決定してくれました。これらによって、多くの仲間が農業を続ける決断ができたのです。本当にありがたいことで心より感謝いたします。

つまり、農業ではさまざまな天候の影響を受け、それが被害の原因になりますが、経営上それを天候のせいだけにしてしまっては、次の改善策が生まれません。その天候の変化を受け止めて、どう対応していくかが成功へのカギになるのです。

第2章

自分の領域を守りながら規模を大きくする

1 使いどころを間違えない金銭感覚が大事

成功している農業者は、手に入れたお金を自分の仕事に再投資し、仕事の生産性を上げています。しかし、うまくいかない人はそのお金を自分の欲望に使ってしまいます。

＋お金が振り込まれても、それは自分のものではない

「今までに振り込まれたことのないようなお金が通帳に入るから、金銭感覚がおかしくなるぞ。そのお金はいろいろな人から資材を買ったりしたお金だから、自分のものではないんだよ。まずは仕入れをした人に支払いをし、残ったお金は農業に必要なものを購入したり、不作のときの対策金として大切に使いなさい」

最近、私は独立する人にこう注意をしています。

サラリーマン感覚でいる人が農業を始めて、それまでの給料の10倍以上のお金が通帳に入ってくると、急に大きな気持ちになり無駄遣いをしてしまうことがあるからです。

長く農業の研修をして、やっと独立し、がんばって育てた野菜がお金になるのですから、うれしい気持ちになるのはわかります。だからといって、長期的な計画なしにご褒美と称し、最初から自分の趣味にお金を使ったり無駄遣いをしては、資材や肥料の代金も支払えなくなってしまいます。

さらに経営上もっと深刻なことが起こります。無駄遣いしたことで生じるマイナスを埋めている間、生産の効率化を図るための機械投資ができなくなるのです。効率化は進まず、規模を大きくすることも、労働生産性を上げることもできないわけです。そうなると、**周り（仕入れ業者、金融機関、販売先、地主など）からの信用は失われます**。

本当に恐ろしいのは、この点です。経営の立て直しにはとても長い時間がかかります。

成功している人は、利益が出ても決して自分の欲望には使わず、それを翌年に使用する肥料代にしたり地代にしたりして蓄えています。

＋5年で5倍の収入差になる

私たちの農場で最初に独立した山田広治君は、先輩農家の人たちの話を素直に聞いて、それを実行しました。その甲斐もあって、１年目から立派なレタスが収穫できたのです。もちろん１年目からお金が残りました。そのお金で中古のトラックや肥料を買ったのです。

翌年、何が起きたでしょうか？　トラックを購入したことで作業がやりやすくなり、生産性が高まりました。収穫作業と管理作業を平行して行えるようになったことで、生産性は倍になりました。また、事前に肥料も半分購入していたので、その年の肥料代は少なくてすみました。その結果、天候被害にあっても持ちこたえられる経営体質になったのです。

とくに独立して間もない人にとっては、稼いだお金の使い方がとても大切です。どちらかというと**お金の稼ぎ方よりも、お金の使い方のほうが難しい**と感じることがしばしばあります。お金に余裕があったとき趣味に使ってしまったら、そのお金は一時の満足で消えてしまうだけです。たとえば1万円浪費したら、その1万円が増えることはありえません。しかし、独立したときの1万円は、その使い方で数年後の10万円に匹敵するほどの価値があります。

ご褒美として使ってしまった人に比べて独立5年目の農業所得で見ると、およそ5倍以上は違ってくるでしょう。このように、最初の段階でお金の使い方を間違えると、その後の経営スピードはまったく違う次元になってしまいます。そして、その後の個人所得でも大きな開きが出てくるのです。

✚ 成功するかどうかは、お金の使い方で決まる

このことは経営者だけでなく、社員として働く人にも共通します。以前、とても一所懸命に

働く人がいました。給料も相応の額をもらっていました。しかし、給料日が来ると、給料を持って夜の町に出かけてしまい、１週間以内に飲食代ですべて使い切ってしまったのです。

自分のお金でほしい物を買ったり使ったりするのは悪いことではありませんが、お金を趣味や遊びだけに使ってしまったらそれで終わりです。そのお金が増えることはありません。

しかし、そのお金を自分のスキルアップのために使ったらどうでしょうか。そうする人には周りからよい仕事が与えられるようになります。やがて協力者も現れて当然よい成果がついてきます。そして必然的に給料も上がります。

がんばって結果を出す人には、よい場とよい給料が与えられるのです。チャンスは誰にでも平等であり、結果はその人の不断の努力によって公平に与えられるのが農業の世界です。

そのチャンスは、自分の仕事を通じていろいろなことに興味を持ち、勉強している人なら気がつくことができます。しかし、お金を無駄に使う人はそのチャンスには気づきません。だから、チャンスが訪れないのです。

農業法人で働く場合でも、給料を自分の将来のために使う人と、一時の娯楽に使う人とでは、その後の人生にまったく違った結果がもたらされます。

とくに経営者として独立する人なら、「**入金されたお金は自分のものではない**」という自覚を持つことです。本当に成功したかったら、「**お金が残ったとき、何に使うかでその後の経営**

が決まる」ということを肝に銘じなければいけません。

2 うまくいかない人は「甘い」と「優しい」を勘違いしている

成功している農業者は、ダメなことに対して「ダメ！」とはっきり伝えます。時に厳しく言えるのは、相手の成長を長期的に見ているからです。しかし、うまくいってない人は「その人を傷つけるのではないか」「そんなことを言ったら嫌われる」と考えて、言わなければならないことも言えず、甘えの構造をつくってしまいます。

✚ 人手不足でも、注意できないのは大問題

経営者やリーダーの最も大切な仕事の1つに、「人の育成」と「雇用を守ること」がありますが、これと対になっているもう1つの仕事があります。それは、**会社の方針や価値観に合う人を採用する**ことです。採用し育成していく過程で会社の方向性に合わないとわかったら、**その人に合う別の仕事や職場をすすめる**ことです。

私が法人化した頃はまだバブル経済の余韻もあって、なかなか人を採用できませんでした。採用してもすぐに辞めてしまいました。辞められては困るので、言いたいことがあっても、なかなか注意ができませんでした。遅刻や急な休みには目をつむり、それが当たり前になっていました。

遅刻や無断欠勤を注意すると、

「別にこんな会社じゃなくても働くところはある」

と言って、その日のうちに辞めていく人もいました。

現場で作業のやり方を指導しても、私がいなくなると手を抜いて予定の半分しか収穫量が上がりません。そのため、常に数人の人が夜中まで仕事をしている状況だったので、それを改善しようと、1日の収穫量を一人ひとり記録するようにしたのです。

ところが作業が終わる夕方に、5人の社員がまとまってやって来ました。

「私たちは、そんな記録をとって競争を煽るようなところでは働きたくありません」

どうしても、収穫量の記録をつけるのが納得できないと言って、5人全員が辞めていったこともありました。

社員に辞められたら困るという恐怖心から、私は遅刻してくる人に「ダメ」と言えませんでした。会社の方針から外れた人に「違う」と言えなかったのです。会社の決まりや規律を平気で破る人がいても注意をできないことがありました。しかし、それは本当の優しさではありません。ただ単純に甘やかしていただけです。それが原因で会社をダメにすれば、誰も幸せになれないのです。

✚ 仕事に厳しく、社員に優しい会社を目指せ

とにかく日々の仕事はこなさなければいけないので、働く人の意向を汲み、人数が少ないときはその分私自身ががんばれば何とかなるというギリギリの状態でした。しかし、あるときから、それでは仕事が回らなくなってきたのです。

これではいけないと悩んでいたとき目に入った経営書『ビジョナリー・カンパニー2』に、会社の価値観や理念に合わない社員が会社の業績を悪くして会社をダメにするという内容のことが書かれていました。

そこには、会社の飛躍をもたらした経営者は「適切な人をバスに乗せ、不適切な人をバスから降ろし、その後にどこに向かうべきかを決めている。要するに、こう言ったのである。『このバスでどこに行くべきかは分からない。しかし、分かっていることもある。適切な人がバスに乗り、適切な人がそれぞれふさわしい席につき、不適切な人がバスから降りれば、素晴らしい場所に行く方法を決められるはずだ』」と書いてあったのです。

私はこの一文を読んで「適切な人」とは会社の理念や価値観に合った人のことだと理解しました。そして経営者の最も重要な仕事が、**理念や価値観に合う適切な人を同じバスに乗せ、合わない不適切な人をそのバスから降ろしてあげる**ことだと解釈し、それまでの自分の間違いに気づいたのです。

目先の作業を回すことを最優先にして、理念や価値観の合わない人を無理に残していたことが間違いだったのです。また、会社の理念や価値観に合った適切な人たちは、合わない行動をしている不適切な人たちに対して不満を持ちながら仕事をしていたので、その能力を発揮できずにいたことにも気づきました。

ある経営者の集まりで、鋭い質問を受けました。

「澤浦さんは厳しくて優しい会社がいいの？　それとも甘くて厳しい会社がいいの？」

その意味は、「目標達成や規律を守る風土など、仕事に対する姿勢と成果には厳しくし、その結果を待遇や福利厚生に反映させて、社員が困ったときに助けられる優しい会社」を目指すのか、それとも「社員の自由を重んじて、目標達成や規律を守ろうとしない甘い状態を見逃し、その結果、大した成果も出せずに、社員に対して突然減給や解雇をする厳しい会社」にするのか、ということでした。

私はやはり「仕事には厳しく、社員に優しい会社にしたい」と答えました。

「だったら、経営者が会社の方針に向けて努力している社員を高く評価し、そうでない社員には厳しく指導する。その姿勢を持つことだよ。優しいのと甘いのは違うよ」

こうアドバイスをいただきました。

この2つの出来事は、私の心の中にあった「社員が辞めたら困る」という恐怖心を和らげ、それ自体が間違いであったことを教えてくれました。これは、私が社長業を行う上で大きな転機となりました。

それから、やってよいことと悪いことを明確にして、方針に合っている行動は褒め、それにそぐわない行動に対してははっきり叱るようにしたのです。もちろん、叱られて辞めていく人はいますが、驚いたことに、方針に向かって一所懸命がんばっていた人たちは以前よりも活き活きと働くようになりました。

3 強運を引き寄せる信用力

成功している農業者は強運を引き寄せます。強運を呼ぶには、よい農産物を栽培することや畑をきれいに使用することはもちろんですが、その前に「挨拶ができる」「約束を守る」「お礼を言う」「速やかにお詫びを言う」ことがまんべんなく行えなければなりません。しかし、うまくいかない人は、これらのどれかができていないのです。

＋篤農家たちからの貴重な教え

農業をする上で最大の信用力となるのは、よい農産物を育てることです。それは、地域の中で畑をきれいに使用することにもつながります。

また、農業を始める人が信用力を高めるには、**仕事以外で地域のさまざまな行事に参加して、地域コミュニティーを大切にする**ことも重要です。

私たちが静岡県菊川市で、畑を借りてレタス栽培を始めたとき、人も機械も出荷場も、なにもかも体制が整わずドタバタしていました。何をどうしたらいいのかもわからずに、作業は後手後手になって失敗の連続でした。栽培したレタスもまともには育ちません。被覆した資材も畑に置いたままになっていて、草の退治もできていない状況でした。

当然、地域の農業者からはよく思われません。畑がしっかり管理されていないことで、ときどき苦情をいただくこともありました。あとから聞いた話ですが、そのまま翌年も同じことをしていたら、もう畑を貸してもらえなくなるところだったそうです。

私たちが静岡県でレタスを始める際、森町の篤農家・本多利吉さんにとてもお世話になりました。本多さんはレタスとお茶の栽培をしています。

本多さんはＪＡのレタス生産者のリーダーをしている中で、ＪＡに属さない私たちを快く迎え入れてくれただけでなく、レタスの生産から農業者としての姿勢まで指導してくれたのです。

「地域に溶け込むことがとても大切だよ。そのためには、まず借りた畑をきれいに使用して、よいものをつくること。それと同じように、周りの人に挨拶をして、レタスを栽培している者はみんな仲間だと思って接すること。それから地域の行事に出ることが大切なんだ」

本多さんはこう言って、新規就農者を励ましてくれました。

また、菊川市でレタス栽培を始めるときに多くの畑を紹介してくれたお米農家の長谷川良一さんからも、同じようなアドバイスを受けました。

しかし、菊川でレタス栽培を始めたばかりの頃は、先に述べたように、本多さんや長谷川さんが指導してくれたような状態ではありませんでした。勘違いによる地域の人とのトラブルや、周囲とは違うやり方で行うことへの不信感があって、いつもお詫びをしたり説明をしに行ったりしていました。

このとき、本多さんと長谷川さんの教えを思い出しました。**畑をきれいに使い、きちんと挨**

拶をして、誠実に対応しているうちに、だんだん地域の人たちの見る目が変わってきたのです。それにつれて、レタスも年々よいものができるようになりました。レタスの収穫が終わったあとの畑は、米作用の田んぼにするために耕してから返却するのですが、その耕し方も上手になっていったのです。

✚欲しいと思ったものが自然と手に入るのはなぜか

地域のつながりから、地元の消防団に入る人も出てきました。地区の役割や行事にも参加をしていくようになりました。そうしていると、さまざまな情報をいただけるようになってきたのです。

「おまえ、がんばってるじゃないか！　いいもんつくっているし、若いのに偉いなあ。そういえば、あそこの家が空いているから使わないか？」

こんな話をいただき、家を借りられるようになった者もいます。

「あの土地を所有している会社が手放すので、購入しませんか？」

独立して数年たった人に、こういう話が持ち掛けられたこともあります。作業場もないところで栽培をしていたので、作業場が欲しいという相談があったときに、たまたまこの話が来たのです。それがとても好条件で、収支的にも問題がない経営状態だったので、私は購入をすすめました。それは「幸運」としか言いようがない出来事でした。

独立した人が最初からよいものをつくることはなかなかできません。しかし、挨拶をするとか、問題があったときは誠実に対応するとか、地域の行事や消防などに参加するといった、就農した直後からすぐにできることがあります。そういった挨拶やお礼、お詫びなどをコツコツ積み重ねていくことで、よいものができるようになったときに、周りの人たちからよいお話をいただけるようになるのです。

人として当たり前の挨拶をし、農業者として畑をきれいに使うところから運が向いてくるわけです。運とは、そういった行動や振る舞いを見ている周りの人が、その人に運んでくれるものなのです。

4 経営計画は体を使って立てる

成功している農業者は、自分の体験に基づいた経験値と改善値、目標値から経営計画を立てます。うまくいかない人は、一般に公表されている統計数字で計画を立てるため、夢の計画で終わってしまいます。具体的な行動計画が描けないのです。

＋支援を受けるだけの計画になってはいけない

私は夢を持つことはとても大切だと思っています。しかし、それを達成できるよう具体的に計画に落とし込めなければ、夢は妄想にすぎません。

「努力」は「どりょく」と読みますが、「努」は「ゆめ」とも読めるので、「ゆめちから」ということができます。ユメに向う力や、ユメの力を「努力」だと解釈しています。

最近、新規独立のためのさまざまな支援資金制度があります。これらはとてもよい制度ですが、そのことに甘えてしまい、淡い妄想のような夢をそのまま計画にしてしまうのは危険です。このような支援はこれから本腰を入れて農業をする人にはとてもありがたく、それを本来の目的で利用する分にはいいと思いますが、支援を得たいがために経営計画を立てるというのは本末転倒です。

本来、計画とは、実績を基に立てるものです。しかし、支援を得ようとして計画を立てる場合、実際に農業研修で働きながら学んだ数字よりも、一般的な指標を採用してしまうことがあります。まだ研修も受けず、何も経験をしていない状態なら仕方ありませんが、本来は**自分が体得した生の情報で計画を立てることが大切**です。その生の情報を使わずに計画を立てるのは危険きわまりない行為だと思います。

✚ 無関係な分野に手を広げるな！

計画を立てる上で、今まで培ってきたこととは無関係の分野に突然進出するという話をときどき聞きます。とくに「他産業と手を組んで……」というパターンが多く、いきなりまったくノウハウのない分野に挑戦するのです。

ある農業法人が大手流通と加工メーカーと手を組んで、大きな加工場をつくりました。それまで経験したこともない野菜加工をいきなり大規模に行ったのです。投資額の半分は補助金が出たため、残りを金融機関から調達しました。

しかし、商品はまったく売れず、創業後にかかる人件費などの固定費をまかなうことができないまま、1年も持たずに倒産してしまいました。当然、そこで働いていた人たちは解雇され職を失ってしまったのです。

うまくいっている人は、必ず**今持っているノウハウを生かせる分野に挑戦**します。私が農場を法人化した頃、ある勉強会でスター精密の社長さんの話を聞く機会がありました。スター精密は元々時計の竜頭をつくっていましたが、価格競争でとても厳しい状態だったそうです。そうしたとき、その小さなものをつくる加工技術を活かして、微細なネジなどの部品加工を始め

たのです。竜頭の何倍もの単価で販売ができ、それによって成長して会社の基盤を築いたという話でした。その社長さんは、

「竜頭の製造で培った微細加工の技術を、他の分野に活かしたことがよかった」

と話していました。

農業でもまったく同じことだと思います。

✚ぶれない計画を立てる

熊本県にコッコファームという農業法人があります。とてもすばらしい会社で、地元だけでなく全国的に有名な農場です。私はここの松岡義博会長をとても尊敬していて、多くのことを教えていただいています。

松岡さんは中学校を卒業して農業専門校で学んだのちにいろいろな仕事をしましたが、ある出来事がきっかけとなって実家に戻り農業を始めました。そして20歳のときに、鶏を飼い始めたそうです。

当初、卵はスーパーに卸していましたが、お客様に朝産みたての温かい新鮮な卵を食べてもらいたいという思いから直売を始めました。同時にスーパーへの卸をやめる大きな決断でした。しかし、産みたての卵を購入できるということで、小さな直売所は行列になりました。

その後、地元で昔から滋養強壮によいと食べられていた健康食品を商品化して売り出しました。卵の殻の利用方法も考え、農場の中に殻を使用したバナナ園をつり、卵をテーマにしたレストランやテーマパークもつくって、今では年間１００万人を超える人が来場するほどの人気の農場になったのです。

松岡会長は、いつも卵から離れません。

「お客様に朝産みたての、まだ暖かい卵を食べてもらいたい」

創業当時の考え方からまったくぶれていないのです。そして、それを実現するための計画を着実に実現してきました。

それは他産業でも農業でも一緒だと思います。そして、農業が注目されている今だからこそ、農業を行う人は、このことを肝に銘じる必要があるのではないでしょうか。今生産している農産物の強みをどう生かしていくのかを考え、それを実践していくのです。

そのためには実現性の高いプランをつくるしかありません。**どんな小さな実体験でもそれを基にし、そこで得たノウハウを生かせる計画をつくり上げて、それを実践していく**ことが、農業でも他の業種業界でも成功の秘訣になると思っています。

5 どのステージで成功したいのかを考える

成功している農業者は、自分の仕事の領域をしっかり決めています。しかし、うまくいかない人は、その領域を自分の能力以上に広く持ちたがります。

＋農業もチームプレーの時代へ

戦後、米や野菜などの作物を栽培することだけが農業だと定義づけられていました。１ドル３６０円の時代には、日本の農産物は世界的に安く生産ができ、外国産が輸入されることもありませんでした。しかし、為替が変動相場制になり、その後のプラザ合意などによって１ドル１００～80円台の円高になると、外国から農産物が大量に輸入されるようになりました。そのため作物を生産するだけでは、農業が成り立たなくなってきたのです。

その中で、顧客を意識した六次産業化や農商工連携、農業の産業化というフレーズや方策が取られるようになってきました。実際に農業をしている人の中にも、生産だけでなく加工や販売に力を入れる人がとても多くなってきています。そうなってくると、家族中心の経営であっても、営業や加工、販売、管理などさまざまな職種の人が同じ会社で働くことになります。つまり、**農業は個人プレーから野球のようなチームプレーに変化してきている**のです。

この流れの中で、私が危惧していることがあります。これから農業を始めようとする人が、いきなり生産も販売もすべて自分でやることです。もちろん、販売はとても大切な仕事ですが、最初から一人で何でもやろうというのは、経営として成り立たなくなる危険性があるのです。

✚ なぜ生産と販売を一人でやってはいけないのか

ある青年が、私たち野菜くらぶのもとで研修を受けて独立しました。

「僕は自分で生産から販売までしたいので、野菜くらぶとは離れて独立します」

私たちはそのプランを聞いて、明らかに無理だと感じました。まず販売先が問題でした。野菜を使用する需要者に直接販売する業者ならまだいいのですが、その間に何社か入っている業者だったのです。間に業者が入るのは必ずしも悪いわけではありませんが、お客様（需要者）との距離があり、直接会話ができない状態になります。つまり、需要者と生産者の相乗効果が期待できない階層への販売だったのです。

また、私自身が農家生まれで農業をし、販売を始めた経験からも、**一人で農業生産と販売を同時に行うのは、野菜では限界がある**と感じていました。私たちは、実際にこういった失敗を経験して組織化してきたのです。

たとえば、こんなことがありました。

ある朝、天気はよかったのですが、明日から雨になるというときに、取引先から電話がありました。納品した野菜が腐っていたという大クレームが入ったのです。当然、お客様のところにすぐに飛んでいき、その状況を確認してお詫びをした上で、その対策をきちんとすることが、販売をする者の大きな役割・責任です。しかし、明日から雨になる日で、どうしても植え付けなければならない苗がありました。今日のタイミングを外したら、適期を逃して品質が悪くなるという状況だったのです。

そんな場面で、どちらを優先するか迫られました。お客様がいなければ、そもそも経営は成り立ちません。お客様へお詫びに行けば、そのお客様も納得してくれるかもしれません。しかし、苗を植えることはできずに老化苗となり、１カ月後に収穫する野菜の品質は劣ります。そして、それが次のクレームを呼ぶことも明白なのです。

逆に、お客様のクレームよりも植え付けを優先したときにはどうでしょうか。苗を植えることはできますが、クレーム対応がおろそかになり、お客様の不満は募るばかりです。へたをするとそれで取引停止になり、翌日からの納品はいらないということにもなりかねません。そうなれば、当然、売上もゼロになってしまいます。

このような板挟みの経験をして、販売する人と生産する人は別にしながら、全体で一体として動ける仕組みづくり・組織づくりをしないと、農業経営は成り立たないと痛感しました。だから、その青年が考えているように自分一人で両方を行うのは、農業経験があっても難しいことなのに、経験の浅い人にとっては至難の業だとしか思えなかったのです。

✚自分の階層やポジションを明確に把握する

うまくいかない人は、往々にして最初から何でもやりたがり、1つのことに経営資源を集中できずに力が分散してしまいます。結局、どの部分（生産や販売、加工など）をとってもプロになりきれず、素人の領域から脱することができないのです。他人のやっていることが羨ましく見えるのでしょう。同じようにやればうまくいくと勘違いして、その人の真似事はしてみても、結局、何も掴むことができないのです。

成功している人は、自分の仕事に徹しています。農業生産で独立する人であれば、野菜を生産することに徹しています。また、営業や販売などをする仲間を信頼する力がとても強いことも共通しています。一人で何でもできるとは思っていないので、**仲間を信頼して、自分のやる**

べき野菜の生産に徹するのです。これは、生産以外の人たちにも同じように言えることです。

つまり、成功している人は、**農業をするのにどの階層（作業者、管理者、経営者）、どのポジション（作物生産、営業部門、加工部門、管理部門、経営層）で行うのかという守備範囲を明確にし、その範囲で最大限の努力をする**ことで報われているのです。それぞれの仲間の仕事を尊重することによって、自分の経営がよくなることも知っています。その結果、所得を増やし、安定した経営になっていくのです。

6
一流のプレイングマネージャーを目指せ

農業では現場に決裁権があることが重要です。机の上で考えていると、現場とはまったく違った判断で指示をすることがあり、それで失敗するからです。

独立した人が現場で決断をして指揮を振っているときには、大きな間違いは起こりません。たとえ起きても素早い対応ができて大きな傷にはならないのです。しかし、現場を見ない、あるいは現場の人の意見を聞かないで判断をすると、だいたい大きな間違いにつながります。

＋現場にいないと、正しい判断ができない

以前、こんな出来事がありました。仲間の生産者と一緒に畑を見ながら、情報交換をしていたときのことです。ある生産者のトウモロコシ畑に行きました。その生産者は外国人実習生も受け入れてそれなりにやっていました。しかし、だんだん業績が悪くなっていたのです。

そのトウモロコシ畑に行ってみると、理由がわかりました。

「このトウモロコシ、株間が狭いように思うけど、何センチで植えているの？」

その生産者に質問しました。

「45センチです」

との答え。しかし、どう見てもそんなに離れていません。測ってみたところ、23センチしかなかったのです。

「外国人実習生に45センチで植えろと指示をしたのに……」

彼は言いましたが、もう穂が出る寸前にまで大きくなっていて、取り返しのつかない状態になっていました。現場を見ずに指示を出し、その後なんの確認もしなかったのです。

結果はそれまでのすべての作業を無駄にしただけでなく、投資した肥料や種をドブに捨てたような形になりました。収入は200万円を予定していましたが、規格外の小さなトウモロコ

シばかりで売上はほとんどゼロ。10アールあたりの投資額は資材や人件費などで約10万円です。全体で50アールあったので、約50万円の損失になりました。当然固定費も吸収できず、所得もマイナスです。

＋現場の技術を身につけることが成功への近道

私の周りには、すばらしい内容の農業経営をしている人たちがたくさんいます。その人たちは現場から離れません。仮に現場にいられなくても、常に現場を見ながら指示を出し、一緒に働くことを骨惜しみしないのです。

現場のことがしっかりできる社員さんが育ち、部門収支も黒字になるのであれば現場を任せることができるでしょう。しかしそうなっていない限り、社長気取りで指示をしているようでは決してよい結果は生まれません。

私は、農業の場合、**経営者が常に現場に出られる一流のプレイングマネージャーを目指すことが、一番早く事業を成功させるカギ**だと思っています。それこそが農業の本流だと思います。

事実、私たちの仲間を見ると、そういった経営者が一番多くの収入を得ています。そして、そこで働く社員も自分の家を建て、家族を持って幸せになっています。

最初から経営者気取りになって現場から離れていては、よい野菜は育つわけがなく経営もうまくはいきません。これから農業経営をする人であれば、一般的に言われる農業経営者になる以前に、**まず現場で野菜を生産する技術をしっかり身につけた農業生産者になる**ことです。それを基に直接現場で指示しながら、作物を見て育てていくことが成功への一番の早道だと確信しています。

7 「人を育てる」という勘違い

社員さんが一通りの作業を覚えて作物の管理もできるようになり、その後の成長を目指すとき、その社員さんに仕事を任せて経営者自身が変わっていかなければ、その後の成長はありません。

しかしそれは同時に、自らが作物を直接育てるというステージから、人を通じて作物を育てるというまったく別次元のステージになるので、経営者自身のマネジメント力と資金力が必要になります。それがない中で、いきなり仕事を任せるようにするのは経営的に危険です。

✚ 育てるのではなく、成長をサポートする

「人を育てる」ことは重要で、とても耳触りがよい言葉ですので、誰もが異論を持ちません。

しかし、農業を行う上では、そこに大きな落とし穴があります。

厳しい言い方をすると、「人を育てる」というのは経営者の思い上がりです。**「人は育つ」ものので、「育てる」ものではない**からです。

野菜でも、人が野菜を育てているわけではありません。種を蒔いたあと、草を取ったり、虫や病気を防除したりして、野菜が自ら育つのをサポートしているにすぎません。それと同じように、社員さんが農業をしているなかで、できてないことやうまくいかないことに対してアドバイスし、自ら育つのを手助けするのです。

時には、強引にやり方を変えさせるような「強育」をすることも大切です。それをせずにいるのは、任せているのではなく放任しているにすぎません。本章の2でも述べましたが、「甘え」と「優しさ」をはっきりと区別して、社員さんが自ら育っていくようにサポートしていくことが大切なのです。

また、将来、会社の中心人物になる人を採用するときには、自ら「育つ人」かどうかを見て採用すべきです。**自ら育つ気のない人はどう教育しても、決してリーダーに育つことはありま**

せん。他産業であれば、そのような人を育てる時間や仕組みがあるでしょうが、一瞬一瞬が大切な農業にとって、自ら育とうと思わない人が成長することはないのです。

8 自己中心では協力者を失っていく

成功している農業者は、独立心や自立心を強く持っていますが、同時に他人と協力し合える関係づくりが得意です。しかし、うまくいかない人は独立心や自立心をはき違え、自己中心になってしまうことで真の協力者を失っていきます。

✚自分が強すぎてはいけない

自分で事業を興したい人は往々にして独立心が強く、強い自信を持っています。それは起業するときにとても重要なことだと思います。しかし、それが強すぎて協力者を失っていく場面をよく見てきました。

「俺は組織には合わない」

「俺は人に使われるのが嫌いだから」

「私の才覚で自由に仕事をしたい」

「だから自分の好きなように農業で生きたい」

こう言って、私たちの会社に何人もの人がやって来た時期がありました。その人たちは、研修に入ったあと、必ずトラブルメーカーになりました。

「俺の考え方と違う」

「研修先の農家が俺を理解しない」

こういった理由を並べては、必ず問題を起こして辞めていきました。その人たちがその後どうなっているのか、ときどき風の噂を聞くようになりました。いろいろな農場を転々としていたり別の職業を転々としていたりで、農業経営をしていることはありません。そのほとんどは、相変わらず他者批判を繰り返すばかりのトラブルメーカーになっているのです。

結局は自分の主張が強すぎて、一番身近な協力者と対立関係をつくってしまい、信頼関係を構築できずに周囲の人間関係を壊してしまうのです。

✚ 理不尽なこともとりあえずやってみる

成功者は独立心が強いものの、それに向けて**必要なことを謙虚に学び、他人から教わろうと**

いう姿勢も強く持っています。だから自然に周りから支援や協力がもらえるようになります。そのような人は研修などで理不尽なことがあっても、それを素直に受け入れます。

たとえば、朝と昼で天候が変わり、それによって作業が変わることは日常茶飯事です。経営者が昼になって朝とはまったく違った作業内容を指示することなど農業では当たり前です。このようなとき、往々にして「行き当たりばったりで計画性がない経営者だ」と思いがちです。とくに繁忙期は、そうした指示は感情的に受け入れがたいのですが、それを表に出さずに従うことができるのが成功者の特徴です。

うまくいかない人は、このようなときに必ず「なんで変わるのですか？　意味がわかりません」と質問をします。すぐに作業しなければいけないのに、大切な時間を説明のために費やすことになるのです。

成功者はこのような場面でも**まず指示通りにやってみて、その結果から経営者がどのような意味でそれを指示したのかを考える**力を持っています。そのため自然に知識も増え、仕事の加減もわかり、自らの知恵になっていくのです。

9 仕事と家族の両方を大切にするのが成功の秘訣

成功している農業者は家族の理解を得て仕事を大切にし、家庭を豊かにしています。しかし、うまくいってない人は家族の都合を優先し、仕事上やらなければならないことをおろそかにするのです。その結果、収穫も上がらず、所得も増えず、幸せには縁遠くなります。

＋家族のために家族を犠牲にする

農業をする上で家族の理解は絶対です。これは独立して農業をする人なら当然ですが、社員として農業をする上でも重要です。農業は生き物を相手にしている仕事なので、そのときそのときの対応を求められます。家族の理解がなければ、作物の変化に対応ができずに成果を出せません。

農業では、**「農産物を大切に育てること」＝「家族を大切にして豊かにしていくこと」**になります。収穫量がそのまま家族の幸せにつながるのです。

私は、長女が小学校に入学してから、運動会に1日通して見に行ったことがありません。当時はいろいろなハプニングが起こり、まる1日時間をつくることができなかったのです。小学校最後の6年生の運動会のときも、前日に台風が来てどうしても防除作業をしなければならない状態になりました。

「明日の運動会は見に行けない」

夕食のときにこう言うと、さすがに泣かれました。

「小学校最後の運動会だから、どうしても見に来てほしい」

と言うのです。聞けば入場行進のときに校旗を持って先頭で入場するとのことです。子供にとって親に見せたい晴れ舞台だったのです。

女房と相談をして、早朝から仕事をしてその時間帯だけは見に行くことにしました。そして入場行進を見終えてから、娘に話をして仕事に戻ることにしました。

「来てくれてありがとう」

入場行進しか見に行けなかった私に、娘はこう言ってくれました。大切な仕事だから仕方ないと娘もわかっていたようです。

台風の影響で一時はひどい状況でしたが、この1日の対応でその影響を最小限にすることができ、その年の秋には予定に近い収穫量を確保することができたのです。

なにもこのようなことをあえてしなさいと言うわけではありません。そのようなアクシデントがあっても対応できるような組織になっていれば、こんな寂しい思いをしなくても済むのです。

その後は、ちょっとした出来事が起きても対応できる組織になって、長男や次男のときには、運動会を見に行けるようになりました。しかし、対応できる組織ができていない場合や家族経営の場合は、**一時的に家族を犠牲にしてでもやらなければいけないときがあります**。

もしあのとき子供がかわいそうだと思って、私が運動会を見に行って防除作業をしなかったらどうなっていたでしょうか。その年計画していた収穫量は確保できなかったでしょう。そうなったときに、あとになって収入という面で家族を不幸にしていたでしょう。

とくに独立して農業をしていこうと考えている人は、そのような状況になることを覚悟しておく必要があります。もちろん本人だけでなく、家族も同じように覚悟しておくべきです。

✚ 辛抱するのは、対応できる組織ができるまで

第3章

4人の独立した先駆者に学ぶ「成功の秘訣」

1 寡黙に淡々と進めることが大事（青森県のレタス農場の成功例）

青森で独立した山田広治君は、生まれも育ちも神奈川県で、農業にはまったく縁のないところで過ごしました。青山学院大学在学中に農業に接する機会があり、そこから農業の世界に興味を持ち始めたのです。

＋都会育ちの青年がゼロから農業を始める

山田君は大学在学中に農業に興味を持ち、北海道で農業のアルバイトをしていました。卒業後は茨城県の農業実践大学校に進学して、そこで青年海外協力隊に合格したのです。沖縄で農業研修を終えると、ボツワナに2年間協力隊員の指導者として派遣されました。契約期間を終了した平成12年10月に帰国したとき、大阪で行われていた新農業人フェアに出展していた私たちのブースにやって来たのです。

私たちのところでは、農家生まれでない都会育ちの人を研修生として受け入れ教育し、独立を支援して、経営的に成り立たせていくプログラムを運営しようとしていたときでした。山田君はこちらの説明を静かに聞きながら、いくつか質問をしてきました。私も好感が持てたので、興味があったら昭和村の本社に来るように伝えて別れました。

後日、電話で訪問したいと連絡がありました。約束の日は朝から雨が降り、予定時間を1時間以上遅れているのに、電話もありませんでした。「ドタキャンかな」と半ばあきらめていましたが、そのとき、ガラッと玄関の戸が開きました。

「こんにちは、澤浦さんのところですか?」

雨でビショビショになった山田君が立っていました。どうしたのか聞いたところ、雨の中、最寄りの駅から歩いてきたというのです。距離にして約7キロもの道を歩いて来たので、その理由を聞きました。

「思ったよりも距離がありましたね。でも、アフリカではこのくらいの距離を歩くのは当たり前ですし、雨が降っても傘はありませんから」と言うのです。

その行動に「アフリカ帰りの野生児だ!」とカルチャーショックを受けました。

農場を案内して、研修の条件等を説明したところ、その場で研修に入りたいとの申し出がありました。あとでわかったことですが、山田君が私たちのところで研修を決めてから、こんなエピソードがあったそうです。

「僕、群馬県の野菜くらぶで農業をすることに決めた」

山田君はその日帰宅して、お母さんに伝えたそうです。お母さんは冷蔵庫から野菜とらでぃっしゅぼーやのチラシを持ってきました。

「あなたは小さいときかららでぃっしゅぼーやを通じて野菜くらぶの野菜を食べて育ったのよ」

山田君の家はらでぃっしゅぼーやが創業したときからのお客様で、山田君はその息子だったのです。縁は深いと感じました。

それから研修に入る日程を決め、研修先は、社員を雇用してレタス栽培を行っている宮田徳彦農場になりました。宮田さんは家族だけの経営ではなく、農家でない人を従業員として雇用し、農業のやり方を一から教えてレタス栽培をしています。これから独立しようとする人にとって、よいモデルになる経営でした。また、栽培したレタスについても仲間内でよいものを生産していると評判でした。

今でこそ、この独立支援プログラムで独立した人は十数人になり、中には1億円以上売り上げる人も現れて実績を残していますが、最初の山田君のときは、非農家出身の人が農業を始められるわけがないと思われていました。無理もありません。まだ農家以外が農地を借りることはできず、お金を貸してくれるところもない時代でした。新規で農業を始める人への法整備もできていませんでした。そのような状況の中で、どうやって独立するのか指標がまったくなかったのです。

✚ リスクだらけのスタート

独立支援プログラムのもう1つの目的に「地域を越えて安定生産ができる体制づくり」がありました。そのため、山田君が独立する場所も群馬県ではなく、ほかの地域を検討し、長野県か北海道か青森県に絞られていました。自分たちの地域なら私たちがサポートできますが、地域を離れたところでの独立ですから、何もないゼロからのスタートだったのです。

山田君が研修に入ってから長野県に行きました。すると、群馬県で雨が降っていると、長野県も同じように雨が降っていて、群馬県との過不足調整を行う補完関係が生まれないことがわかりました。そのため緯度を上げて適地を探そうと北海道に行きました。広大な農地は農業をしている私の心を躍らせました。しかし、北海道は本州までの物流が遠く、私たちのような小さな力では、それを克服することができなかったのです。残るは本州の最北端の青森県です。青森県の地図を広げて、昭和村と同じような地形のところを探しました。

ちょうどそのときに、青森県で有機農業をしている原田敬司さん（故人）と東京で会う機会があり、青森で農業がしたいと持ちかけたところ歓迎してくれたのです。地図を見て、八甲田山麓に昭和村と似たような地形のところがありました。そして、そこには国道が横付けされていて、黒石インターチェンジにも近いことがわかり、直感で「ここだ！」と思いました。後日、山田君と一緒に青森に向いました。

原田さんから黒石市の鳴海広道市長を紹介していただき、八甲田山麓で農業をしたいと申し出ました。そのとき、私たちが農業をしたかった地域は耕作放棄地も多くあり、いくらでも広げられる可能性があると見ていました。

しかし、鳴海市長は、最初は本気にしてくれませんでした。

「あそこは気候が厳しくて、なかなか難しいところだよ」

こちらは、その地域の可能性についていろいろ話しました。そうしていくうちに、鳴海市長にも理解してもらえるようになりました。

「わかった。それならお金以外のことなら何でも応援する」

市長は支援まで約束してくれたのです。農業委員会の人を紹介していただき、淡々と準備が進んでいきました。

地域の人にも会い、説明会を開いて農業をやりたいことを伝えていきました。しかし、農地の賃貸のことを進めているうちに、だんだん雲行きが怪しくなってきたのです。当時の法律では、農業者の資格を持たない人が農地を借りることはできませんでした。農業委員会も応援したいものの、それをどうしていいのかという壁にぶつかっていました。

農業委員会から質問がありました。

「農地を借りるためには山田さんが農業者であることが必要なんです。山田さんは農業者の資格を持っていますか？」

「農業者の資格とはどのようなものなのでしょうか？」

「農地を所有し、自ら耕していることです」

「今、研修中で、その研修先の農家で農作業をしています。そこでは、広いところを耕していますが、山田自身は農地を持っていません」

「では、農家の資格がないのですね。そうすると、農地を賃貸することは認められないんですよ」

「じゃあ、農家でない人が農地を借りることはできないのですか？」

「今の法律では農家でないと……」

農業委員会の人たちも、私たちの気持ちをわかって応援してくれていますが、法律遵守の立場から、どうしても暗礁に乗り上げてしまいました。

それでも、研修中の山田君と一緒に何度も青森に行って、土地を調べたり、地元の人に気候のことを教えてもらったりして、わずかな望みに賭けていましたが、そうこうするうちに９月になり、もうダメかと半ばあきらめて市長のところに挨拶に行きました。土地が決まらないなど、今までの経緯を話したところ、市長から思わぬ一言がありました。

「俺が、山田君を農業者として認める！　それで何か問題があるのか。ここに来て農業をしたいという青年がいるのに、それを認めない法律は変えなければならない。何かあったら俺が責任をとる」

こう言い切っていただいたのです。農業委員会の方も動いてくれました。

「ありがとうございます。市長にそう認めていただけるのなら、私たちも進めることができます」

このような周囲の協力があって、農地を借りることができるようになったのです。

✚ 初収穫と最愛の人との出会い

山田君はレタス栽培の研修を1年で終了して、翌年は、研修をした群馬県で独立しました。1月から宮田さんの支援を受けながらレタスの種蒔きを始め、2月下旬から植え付けを始めました。順調に作業は進み、4月下旬になりそろそろ収穫が始まるというときに、来る予定だった日系人が急遽来なくなるアクシデントが起こりました。

「ヤバイ！　収穫する人がいない」

山田君も私も焦りました。収穫前日になっても人がいないのです。そのとき、ほかの産地やほかの生産者のレタスが不作でしたが、山田君のレタスだけは順調に育って、お客様に迷惑をかけないためにも、どうしても山田君に頼らなければならなかったのです。しかし、収穫する人がいない状態です。

私も野菜くらぶの毛利専務も、ほかの仲間もみんな、手の空いているときは手伝いに行きました。朝３時からの収穫で約２００ケースを毎日収穫したのです。

レタスの収穫が始まって、山田君の睡眠時間は３時間を切っていました。元々細身の体がそれ以上に痩せていきました。

「大丈夫か?」

会うたびに声をかけていたものです。そして、とうとう収穫が始まって１カ月後に、山田君は過労で倒れてしまいました。それでも2日ほど休んで、また収穫と植え付け作業を始めたのです。そうこうしているうちに、仲間の紹介で収穫をしてくれるパートさんも見つかり、徐々にペースを掴んでいくようになりました。

その年、インターンシップの大学生が私たちの農場に大勢研修に来ていました。あるとき、帰ったはずの女子大生が山田君のトラックに乗っていたのです。

「あれ? インターンシップ終わったんじゃなかったっけ?」

「山田さんが大変そうだったので手伝いに来ているんです」

その女子大生はニコニコしていました。自分の夢に向かって動き始めている人は輝いていて、人を惹きつけるのだろうと思いました。その後、この二人は結婚して幸せに暮らすことになるのです。今になっては、何を手伝いに来ていたのかとも思いますが、とても微笑ましい場面でした。

そして、独立して1年を締め括る頃には2200万円のレタスを出荷して、初年度から利益を出すことができたのです。「非農家出身が農業なんて無理」と思っていた人たちをよい意味で裏切って成功しました。山田君の農業への取り組み姿勢を見ていた野菜くらぶの中にも、新規就農者を応援しようという空気が醸成され、このあと研修制度の充実が進んでいったのです。

✚10年目に初めて認めてもらえた

山田君の独立2年目、群馬県と青森県の両方で生産が始まりました。春先は群馬県でレタスを栽培し、夏以降は青森県で栽培をするというスタイルです。700キロも離れているところで一人の人間がリレー栽培をするなんて、私たちでもやったことはありませんでした。最初は移動の経費や青森県の畑の状態がわからないこともあって、栽培も経営もうまくいきませんでした。

翌年の3年目はその反省も踏まえて青森県だけで生産を行ったところ、経費は抑えられましたが思うようにレタスができず、2年目ほどではありませんが赤字になってしまいました。

青森県での栽培も3年目になると畑の癖もわかり、よいものができるようになってきました。朝3時から夜7時まで懸命に働く山田君を地域の人が見ていて、徐々によい畑を借りることができるようになり経営も安定してきました。そして、山田君が独立して年を重ねるごとにその地域の畑が変わってきたのです。初めてその地域に行ったときに見たたくさんの耕作放棄地が徐々になくなっていきました。

山田君が農業を始めた地域では、春と秋に山の神様をまつるお祭りがあります。地域の人たちが集まり、神主さんが祝詞(のりと)をあげたあとは宴席です。それまでの宴席は、どちらかというと私たちはよそ者のような扱いを感じました。

「おまえたち、本当にここで農業を続けるのか?」

お酒が入ったこともあって、こう言われることもありました。私たちとしては、地域の人と一緒にやっていきたいという思いで参加していたので、こういう話を聞くのはつらく、まだ受け入れてもらえてないのではないかと感じることもあったのです。

ところが、山田君が青森で農業を始めて10年目の秋祭りの宴会のとき、

「おまえたちが来てくれていかった」

と思いがけない言葉をもらったのです。私はその場に参加していませんでしたが、参加した野菜くらぶの毛利専務がそのときのことをこみ上げてくる嬉しさのまま報告してくれました。

「山田君が朝、日が出る前から畑に出て、雨の中でもレタスの苗を植え、暗くなるまで働いている姿を見ていると、俺たちはこれじゃいけないと目が覚めたよ」

地域の人が言うのです。山田君も笑って答えます。

「イヤー。以前は朝、畑に行くと誰もいませんでしたが、今は僕が畑に出る3時から4時頃にはみんな畑にいて、時には僕が一番遅くなっちゃうこともありますよ、アハハハ」

確かに、耕作放棄地がなくなって若い後継者も入ってきたことで、地域の雰囲気が変わってきていることは薄々感じていましたが、そのように言ってもらえるとは思いませんでした。

毛利専務からの報告を聞いて、私も嬉しさがこみ上げてきました。10年たって受け入れてもらえたという実感を持てたのです。

山田君は寡黙で、どちらかというと余計なことを喋るほうではありません。ですから時として誤解をされることもあり、その溝を埋めるのに時間がかかることがありました。しかし彼は、言葉ではなく誠実な態度と行動でずっと示してきたのです。よいレタスを栽培しているのを認めてもらい、地域の人からの紹介で7ヘクタールの畑を買うことになりました。地域の人

理想の農業を追求する山田君一家

にお世話になって、町中と農場のあるところに家も購入しました。華美な生活はしませんが、使っている道具は常にピカピカにして、徐々に作業機も増やして仕事の効率化を進めてきました。その姿を見て周りの人が認めてくれたのだと思います。

彼を見ていると、簡単に農業に参入できる今日になって、それでも規制を理由に農業ができないなんて言っている人たちは、永遠に農業することは難しいと思います。また、今思えば、彼が劣悪な研修制度の中でこうして成功してくれたことで、次の研修生を受け入れることができました。さらに、研修制度の中身や方法も充実させることができて現在につながっているのです。まさに、山田君の独立は、リスクとそれを超える夢以外何もないところからの成功だったのです。

彼は今、奥さんと3人の子供に恵まれ、第二のチャレンジを始めました。雪深い青森の地で、冬でもできる農業を模索し始めたのです。もし、これが実現すると雪深い青森で1年中農業ができて、本当に目指していた農業の形が実現していくと思います。そして、彼なら実現すると確信しています。

2
女性でも農業はできる（静岡県で起業した女性経営者のケース）

ある新農業人フェアで塚本佳子さんに会いました。ボーイッシュな風貌で、青年海外協力隊から帰ってきた女性でした。

✚「女には無理」と言われても屈しない

「女では農業はできないのですか？」

会って一言、いきなり質問がありました。

「そんなことはありませんよ。だって女性の力がなければ農業はできないし、中には女性で立派に切り盛りしている人もいますよ」

私がそう言えたのも、同級生の例があったからです。

「塚本さん、私の友人の竹内功二君は数年間病気でまったく農作業ができない時期がありました。まだ子供も中学生と小学生でした。彼の奥さんも農業を続けるのか辞めるのか、これからどうしていくのか、とても悩んでいたのです。奥さんは身長が150センチくらいの細身で、見た目はとても弱々しい女性です。周りは大丈夫かなと心配して、農業以外の職に就くことをすすめる人もいました。しかし彼女は農業を続けると決めたのです。その後は社員と一緒に農業を続け、旦那が回復して農業ができるようになるまでの数年間中心になって経営をしていたのです」

この話を塚本さんにしたところ、目が輝きました。

「そうですよね。どこに相談に行っても『女に農業は無理だ』とか『農業するんだったら、農家の嫁になるんだな』としか言ってもらえませんでした。でも、それって、おかしいですよね」

私もおかしいと思いながらも、その言葉の意味することも理解できました。

そのあと塚本さんはいろいろなところを回って、私たちの農場にも見学に来ました。そうして、私たちのところで研修をすることになったのです。

最初のプランは群馬県前橋市でトウモロコシとブロッコリーを栽培する計画で、私の農場であるグリンリーフで研修を始めました。

研修が始まって夏から秋になる頃、冬場にレタスを生産する計画が進んでいた静岡県で、当初栽培する予定だった人ができなくなってしまったのです。私自身どうしようか悩んだのですが、塚本さんに静岡でのレタス栽培について相談しました。

「静岡でレタス栽培をする予定の人ができなくなったので、研修計画を変更して静岡でのレタスに挑戦してみる?」

「静岡は実家の藤沢にも近いので、興味があります」

「前任者がやったあとを行うのだけれども、ほとんど引き継ぎはないよ」

私は念を押しました。とはいえ、引き継ぎの条件が悪くても、静岡県菊川市ですでにトマト農場の設立を進めていた仲間の杉山健一さんがいたり、森町のレタス農家の本多さんがいてくれたので私自身は心強かったのです。菊川市の祭りに塚本さんと一緒に訪れて、ブースを出展して地域の人たちにも会いました。塚本さんは地域の人と接してみて、ここでやろうと決めました。

まったく経験のない冬場のレタス栽培なので、2年間、野菜くらぶの社員として栽培をすることにしました。そうすることで、万が一の金銭的リスクを塚本さんに負わせないようにしたのです。金銭的リスクは野菜くらぶで取り、塚本さんは地域の人からレタス栽培を教えてもらいながら、栽培方法の習得に専念することになりました。森町の本多さんや近くの長谷川さん、トマト生産者の杉山さんなどのサポートを受けながらのスタートでした。

女性だからという甘えは、農業生産の中では一切通用しません。塚本さんは手作業で刈り取りが終了した稲藁をどかし、50馬力のトラクターで田んぼを起こし、レタスの苗を育て、雨が降ればぬかるんだ土に足をとられながら植え付けを行い、寒さよけのトンネルを張り、遠州の空っ風に吹かれながら収穫をしました。

彼女は美術教師の家に生まれ、日本大学を卒業したあと青年海外協力隊員としてエクアドルに行きました。帰国後、大学院に進んで砂漠の緑地化の研究をして、さらに技術を学びに沖縄に農業研修に行き、再び協力隊としてザンビアに行ったのです。大学院では指導教授から博士号を取るように提案されたのですが、彼女は実践をしたかったのでしょう。それを断ってまた農業の世界に入っていったのです。

塚本さんはがんばり屋で負けず嫌いでありながら、冷静に物事を考えられる柔軟さを持っています。私たちのところに来る前に、さまざまなところで「女に農業は無理だ」と言われ続けてきました。そう言われてきたことが、塚本さんの反骨精神に火をつけたのかもしれません。

＋とにかく作物を育てるのが「好き」が原動力

塚本さんはとにかく畑にいる時間が長いのです。日が出てから日が沈んで暗くなるまで、ずっと畑にいます。今でこそ時間的に余裕が生まれてきましたが、創業したときはなりふりかまわず常に畑にいました。とにかく作物を育てるのが好きで、それが原動力になっているのです。

最近は土地を購入して家を新築したり社員も育ってきているので、以前ほど無茶ではなくなりましたが、作物を見る目や感性は美術教師だった父親譲りなのでしょう。また、人が見逃すようなきめ細かなところに気がつき、まるで子供を育てるときと同じ女性の視点や愛情を持って作物に接しています。

1年目は3ヘクタールのレタスを栽培し、収支はとんとんで終わりました。2年目は採算がとれる最低面積の5ヘクタールを栽培しました。このときは、次に研修に入った深川君と2名体制での生産です。2年目は見事に利益を出して独立への自信を深めました。そして、研修に入ってから3年と半年でついに独立したのです。

独立してから、さらに彼女の農業への思いは形になっていきました。社員を募集し、平成26年現在ではレタスやキャベツ、オクラなどの野菜を約20ヘクタール作付けする立派な農家になったのです。

✚野菜生産には素直さが大事

塚本さんは本当に野菜を育てるのが好きです。野菜栽培がすべての中心で、それ以外のことには関心がありません（関心はあるのでしょうが、それ以上に野菜を育てることが好きなのだと思います）。そのためか、普通の人なら考えられないようなトラブルや問題を起こします。それが悪いことだと思わずにやってしまうところが、短所でもあり長所でもあるのです。しかし、自分が迷惑をかけたとわかると、素直に謝罪して同じことは繰り返さないことも、塚本さんのよさといえます。

彼女のさまざまなエピソードを紹介しましょう。

昭和村では日の出前から野菜の収穫を始めます。そこで研修した人は、それと同じことをその土地でも当たり前のようにしてしまいます。塚本さんも、日の出前のまだ暗い時間に畑に行き、ライトをつけてトウモロコシの収穫を始めたのです。菊川市の畑は住宅地と混在しているところもあります。近所の人が驚いたのでしょう。

「トウモロコシ泥棒がいる！」

警察に通報されたのです。警察官が来て職務質問が始まりました。

「おまえ、何やっているんだ」

「えっ！　トウモロコシの収穫です」

「誰のだ！」

「私のです」

「人の畑のものを取って、何を言っているんだ」

「これは私の畑です。自分のトウモロコシを収穫してはいけないのですか？」

　こういう具合に警察官とのやりとりがありました。普通なら誰も仕事をしてない時間帯に、女性が一人で畑で収穫をしているのですから疑われても仕方ありません。最終的には警察官に信用してもらって事なきを得たのでした。

　また、こんなこともありました。明日から雨が降るというときに、夜中までトラクターで畑を耕していたのです。すると、パトロール中の警察が「暴走族が畑の中を荒らしている」と勘違いして飛んできました。

「何をやっている！」

「見ればわかるでしょう。畑を耕しているんです。明日から雨だから今日のうちにやっておくんです」

　さすがに警察官もわかったようです。

「こんなに遅くまでご苦労様です。気をつけて続けてください」

その後、その警察官とも仲良くなって、声をかけてくれるようになったそうです。

また、独立して間もないとき、塚本さんからこんな相談を受けました。

「社長、車を道路に停めておいたら、近所の人から『じゃまだからどかせ』と言われちゃったんです」

私は作業中に車を道路の端に停めている状態で言われたのだと思ってアドバイスをしました。

「塚本さん、よくも悪くも周りの人は見ているから、見られていることを意識して、畑の周りを通る人には大きな声で挨拶して、車が来たら大きくお辞儀をしなさい」

しかし、時がたっても状況

成功の秘訣は「とにかく畑が好き」

は変わらないと言うのです。「おかしい」と思い、その状況を詳しく聞いてみました。

「レタスの苗が余ってもったいないので、トラクターやトラックを置いておく予定だったところを耕して植えたら、停めるところがなくなってしまったので、道路を駐車場代わりにしています。これってダメですか？」

平気で言うのです。これにはさすがに驚きました。

「当たり前だろ！　このバカヤロー！」

思わず怒鳴ってしまいました。

塚本さんは、ある意味とても素直で野菜中心に物事を考えます。だからときどき、考えられないことを平気で行い、周りの人を驚かせたり迷惑をかけることがあるのです。しかし、それが悪いとわかると素直にお詫びしてそれを修正します。それらの出来事は今では笑い話として受け入れられています。

塚本さんの素直さがときどきハプニングを起こしますが、それが野菜生産に活かされていると私は思っています。塚本さんを見ていると、素直であることがいつになっても野菜生産には重要であることに気づかされるのです。

3　周囲の人を引き寄せる（大企業から転職して起業したケース）

深川知久君との出会いは、彼が北海道大学大学院を修了して大手ＩＴメーカーで働いていたときでした。そのＩＴメーカーでは、精密農業プロジェクトの若手スタッフとして活躍していました。

✚困ったときには家族の理解が大事

深川君は、ある講演会で私の話を聞き、その後に名刺交換をしました。後日、深川君から農業をやりたいというメールが届いたのです。会社の休日を利用して、まず訪問したいという内容でした。約束の日に、深川君が現れました。

見た目はエリート風で、細身の体で大丈夫かなと心配してしまう容姿でしたが、農業を行いたくて北大の大学院まで行ったことなどを熱心に話してくれました。そこで、まずは農業体験をするように提案しました。大手ＩＴメーカーの待遇はとてもよく、それを棒に振ってまで農業の世界に飛び込んでくるというのは、受け入れる私としても覚悟が必要だったのです。

何度か農業体験に来てもらい、私が東京に出張するときには食事をしながら話をしました。

「深川君、北大の大学院まで行ってこれから農業をしたいなんて、親に言ったら泣かれないのかい？」

私はそう質問しました。私たちが農業を始めた頃は、大学まで行って農業をするなんてまったく考えられない時代だったからです。

「技術者である父は好きなことをやりなさいと言ってくれましたが、母には大学院まで出して、せっかく大企業に入ったのに、なんで今さらどうなるかわからない農業なんかをするのよ……と泣かれました」

そうだろうなと思いました。彼は、母親に自分の思いをじっくり話して了解してもらえたと言っていましたが、正直、私は内心では心配していました。

しかし、私のそのような心配は、彼が独立したあとに余計なことだったと気づきました。

深川君が独立してレタスを植えるマルチ（被覆材）を張り、レタス苗を植え始めたときのことです。ある出来事が起こりました。独立して最初の作業は誰もがすべて緊張の連続です。研修のときには見えなかったレタスの苗の変化が観えるようになり、「大丈夫かな？」と突然心配になるのです。実際に自分で農業を始めると、研修では見えなかったコトやモノが観えたり感じられたりするようになります。深川君も同じようにとても緊張する中でのスタートでした。

独立したばかりのとき彼と一緒に食事をしていたら、持っている箸が震えていました。

「どうしたの？」

「最近、手が震えるんです。夜も眠れない日があって……」

極度の緊張と不安が、彼の体に変化をもたらしていたのです。私もそのような体験をしていたので、その体験談を話しました。

「えっ！　社長もそんなことがあったんですか？　そんなことは思ってもいませんでした。僕は何でこんなことに不安になっているのか、自分自身の弱さにまた不安になっていました。でも、社長の話を聞いて少し気持ちが楽になりました」

とても安心したようです。

そんなとき台風が彼の畑を直撃しました。もちろん、彼の畑だけが襲われたわけではありません。しかし、独立したばかりの人にとって、農業のすべての体験が逆境から始まるわけですから、「自分の畑だけ」と思えてしまったのです。せっかく張ったマルチは剥がされ、植えた苗も飛ばされて、独立していきなり大自然の洗礼を受けたのでした。

心配なので、電話をしたところ、

「もうどうしようもないんで、実家の両親に電話をして泣いちゃいました。ダメだから手伝ってもらうように頼みました」

という彼の声が返ってきました。私も心配で、出張の途中に彼の畑に行ってみました。すると、農業を行うことに反対していたお母さんが、お父さんと一緒に汗を流しながら笑顔でレタスの復旧作業をしていたのです。それだけでなく、深川君の妹と妹のフィアンセまで駆けつけて、楽しそうに復旧作業をしていました。

災害にあった悲壮感よりも、まるでピクニックに行っているような家族の温かい愛情が輝いている光景だったのです。

✚バーチャルとリアルの一致

深川君は北大大学院出身です。ですが、高学歴を鼻にかけるようなことはなく、素直さを持っています。あるとき、電話がありました。

「畑に今まで見たことのない生物がいます。太くて、長くてニョロニョロしていて、蛇でないことは確かですが、こんな生物を見たことがありません。調べましたが、わかりません」

私たちも何事かと、不安になりました。

「それは大変だ！　すぐに写真に撮ってメールで送ってくれ」

人とのつながりを大切にする深川君

届いた写真を見たら、手のひらにその生物が乗っていました。どう見ても、今までに見たことのない生物とは思えません。それは、ただのミミズでした。しかし、そのほかにいるのかと、手のひらのミミズ以外のものを探したり、ミミズを拡大して見たりしましたが、なにもありません。

「どれが見たことない生物なんだ！」

電話をすると、

「わからないのですか？　私の手に乗っているやつですよ」

と言うのです。

「おまえ、それはただのミミズだと思うよ。今まで見たことないの？」

「えっ！　これはミミズなんですか？」

確かに10センチ以上ある大きなミミズでし

たが、これにはみんな大笑いでした。

深川君に限らず、学歴の高い人にはよくあることです。いろいろな書物や文献で学んで知識はわかっていても、それと実際の現場で知ることとは違うのです。

深川君はこの瞬間、頭の中のバーチャルと畑の中のリアルが一致したのでした。

✚ 周りから応援してもらえるつながりを大切に

深川君には、子供がそのまま大人になったような素直さがあって、人の中に溶け込むのが得意です。地域の人から誘われて、独立する前から地元の消防団に入団し、消防活動や地元の活動に参加していました。

その馴れ馴れしさからときどきハプニングもありましたが、大変なときに家族が手伝いに来てくれるように、周囲のサポートをいつも引き寄せるのです。周りの人から畑の紹介をしてもらったり、作業場の物件を紹介してもらったりするなど、さまざまな応援をしてもらえるのです。

それは、社員の採用にも現れています。彼のもとには若い人が集まり、そこで学んだ人が育っています。

深川君のもとで社員として数年間働いた伊藤君（今は結婚して白井君になりました）が独立

するとき、彼にとってはとても痛手でした。中心となって仕事をしていた人が独立するわけですから私が考えても大変なことです。深川君も悩みながら伊藤君のことを考え、独立を後押ししました。伊藤君はそのあと研修を積んで、今では立派に独立して1年目から利益を出しています。

そして、深川君のもとには、また新たに若い人たちがやって来て、社員として農業をがんばっているのです。

地元に根付くことで、地元の人からさまざまな情報や支援をしてもらうことの大切さを彼自身が証明していると常々感じています。

4　いつも明るく堅実に生きる（葉物野菜を新規に始めて成功した例）

野元悠太君は、静岡県で独立した深川君の大学時代からの親友です。彼と出会ったきっかけは、深川君が「一緒に農業をしたい人がいるので、紹介したいです」と言ってきたことからでした。北海道大学の大学院時代、将来の農業への夢を一緒に語り合った仲だそうです。

＋農業の経営は一人で行うもの

しかし、私は一緒に1つの経営をすることを断りました。1つの会社に船頭は二人もいらないのです。とくに農業という経営者の判断がとても重要な職業では、一緒に行うのはとても難しいことだと思っています。

「二人で1つの会社を起業するのは、農業では難しいと思うよ。別々の会社を起こして、農業をすることをすすめるよ」

私は深川君に伝えました。そして、二人は別の経営体として農業を行うことになったのです。

野元君はイケメンで、農業をする姿が雑誌の表紙を何回か飾ったことがあり、それを見た広告代理店から、全国放送のテレビCMに起用したいという話があったほどです。その彼が、グリンリーフの子会社の四季菜（しきな）で研修を始めました。

四季菜は有機コマツナと有機ホウレンソウを周年生産して出荷しています。それをすべて新規就農者で行っている会社です。この会社で野元君はホウレンソウやコマツナの生産について研修をしました。

＋政権交代という思わぬ影響

１年半の研修期間を置いたあと、野元君は前橋市で独立することになりました。法人で独立するか個人で独立するか、資金はどうするのかなど、さまざまな方法を模索する中で、当時できたばかりの新規就農者を支援する制度（補助金と無利息の貸付制度）を利用することになりました。

しかし、この制度を利用するには個人で独立することが条件でしたので、法人での独立ではなく個人での独立を選択しました。

前橋市の担当者も協力的で順調に申請が進んでいきました。いろいろな資料を作成し、農業委員会にも承認をしてもらい、もう少しでＯＫというところで衆議院選で自民党が敗退して民主党への政権交代が起きたのです。

政権に就いた民主党は、すべての予算をゼロベースで見直すという方針を取りました。野元君が申請していた資金も宙に浮いてしまったのです。

これはまったく予想もしていませんでした。支援資金が出ないだけでなく、計画していた作付けを行うことも、「事前着工」と言われて、できなくなってしまいました。野元君は約半年間何もできない状態で、生活費だけが出ていくことになってしまったのです。

仕方ないので仲間の機械を借りて雑草対策をしたり、最低限の畑の準備をしながら収入のない時期を過ごしました。その後、この制度は事業仕分けされず無事に残り、再度申請をしてようやく許可が下りたのです。

結局、実際に農業生産が始まったのは当初計画の1年後でした。あとで計算をしたら、その1年間の損失は支援資金と同じくらい大きな金額になっていました。

✚ 確認しながら積極的に動く

独立してからの野元君の経営はとても堅実です。決して無駄や無謀なことをしません。規模拡大についても、常に確認してから作付けを増やしていきます。ちょっと堅実すぎるのではないかと思うくらい慎重なのです。

その堅実さは売上にも現れています。野元君は独立してから、売上を下げたことがないのです。着実に右肩上がりで伸びているだけでなく、さらに彼の野菜は品質もよくてクレーム率は仲間内でも低いのです。当然、お客様の評価も高くなります。

つまり、野元君は新しいことにチャレンジしない消極的な「堅実」ではなく、新しいことを行うときに、そのリスクを自分で検証し、リスクをなくしてから進む積極的な「堅実」なのです。彼は教育者の家庭で育っています。大学院時代の研究とその後就職した会社では品質管理をしていました。そのことが彼の堅実な農業のやり方によい影響を与えているのだと思い

コツコツ堅実に進めると、効率的になる

ます。

これは、畑づくりにも見てとれます。あるとき、野元君の畑に行きました。コマツナの畑にいつもより草が多く生えていたのです。彼曰く

「この畑は借りてから2年間作付けをしないで、ただ耕して雑草をなくしていました。そろそろ大丈夫かなと思って播種をしたけれど、あともう1年耕す期間が必要でした」

借りた畑にいきなり種を蒔くのではなく、2年間耕して土づくりをし、それから種を蒔くというのは、なかなかできることではありません。それをなんの迷いもなく、何回耕したら草の量がどのくらい減るかという実証をやってしまうのです。

人の採用についても堅実です。今の売上で

は採用しても給料を支払えないという状態のときは、ぎりぎりまで自分一人と海外からの実習生で仕事をしていました。そして、月商が150万円を超えるようになり、とうとう自分一人での限界が見えてきたときに社員を採用したのです。

あらかじめ必要な人を採用して独立するというスタイルもありますが、彼は一人でやりきれるところまでやってから採用を始めます。そうすることで、作業を行う彼の動きにはまったく無駄がなくなり、さらに採用した人の動きにも無駄がなくなって、効率的な生産が実現するのです。人を使う前に、自分の使い方を身につけていて、今はそれを働く仲間に伝授しているわけです。

こうやって、効率的な仕事のやり方を身につけているのです。

第4章

成功している人がつけている記録と計画書

1 疑問に残ることは手書きで残す

農業にとって、毎年の記録を残すことはとても重要です。それは1年で1回しか経験できないことだからです。それを記録にとどめておくことで、何年かたったときに、その傾向をつかむことができ、具体的な改善策を立てることができるからです。

＋問題を起こしそうな点は必ずノートに書く

長年農業をしている人たちは、もちろん農作業日誌や収穫量の記録を残していますが、それだけではありません。そのときどきに起きた問題点について記録しています。すぐにはその問題を解決できなくても、そうしておくことで、**のちに振り返ったときに何が問題だったかがわかり、解決策が見つかる**のです。

塚本さんのノートを見ると、いろいろなことが書かれています。

最初に書かれているのは、「特栽にかかわらず早めの防除を……」です。

塚本さんの農業ノート

・播種にこだわらず早めの防除を
特に11月どりは、強い薬を早め（適期）にまき
あとでBTでカウント調整する。
定植後のタバコガ、緑球開始時タバコ、アブラ
[illegible] 収穫2〜3週前にもう1度、雨のあと気温が高いなら
[illegible]を、雨すくなく[illegible]強いならアブラを

・播種、定植について
N100きりかわりは9/20で
が、9/20ごろまで[illegible]
10/17、18ごろ[illegible]までは定
定植をした。10/18〜2
苗をまって定植。11/2
11/4から週1回の[illegible]
よくない。はじめ[illegible]
12/19（?）以降

・ふどりさんによる[illegible]
改善方法は？

・軽栽は1月上旬まで。
フェザーミールは[illegible]
普通肥料で[illegible]
の1/4。その後は
肥料設計の見直し
グラドミンLはどう

・どぶづけ、キトサン、カメリア、木酢液などどれも？
・こんぶが良いかも??
・定植後の水入れは、水だけでなく、カメリアなどを入れてみると効果大??
・1回目の防除でカメリア入れてやってもいいかも
・苗の育苗中、[illegible]を苗にかけると根まわりがよくなる？本当？

・播種面から虫ふえた！なぜ？

・加爆硝[illegible]の肥料ある？
畑は土壌分析で鉄が少ないのが気になった。
鉄の資材はある？

・裏の田んぼにCa、Mgを肥料としてふりこむのはもったいない。
苦土石灰だけで良いのでは。ただ初年度はpH調整で
Caを多く入れるべき。
硫ミグのまきにくさは大変。他に良い資材はないのか？

・春換気。3月15日以降（節分以降?）は基本的に
全てのトンネル両側換気。一度に両側はだめなので
15日前に片側、その後、両側と徐々に換気する。

・ベタがけのはがしは3月20〜25日頃（桜の咲くころ）
トンネルとベタのセカリかたがつながるよう、最後に収穫する
ベタからはがし、トンネルあとのベタは最後にする。
この最後のはがしが3月20日頃になるよう早めに
~~最初~~の最初のベタはすこしずつはじめる。
ベタの前のトンネルは早めの換気をしてベタとつながる
よう工夫する
ヒタスの大きさは[illegible]

特別栽培を行うための心構え
塚本さんなりの注意の言葉

ベタがけ資材（保温資材）を剥がすタイミングを細かく記入

実際にやっみて気づいたポイントを記入

私たち野菜くらぶは特別栽培（農薬や化学肥料の窒素成分を5割以上削減した栽培方法）を基準にしていますが、栽培する上で防除回数にこだわりすぎると、防除作業が遅れたときに、問題を大きくする危険性があります。実際、作業の遅れによって病気が発生してからの防除になると、結果として防除回数が増えてしまうことはよくあることです。そのようにならないための秘訣を、彼女なりの言葉にして作業方針として落とし込んでいるのです。

また、現状の技術で特栽ができないときについても、その注意点が書かれています。

✚ほかの人の情報を記録しておくと、あとで役に立つ

次のページには、さまざまな資材や栽培方法について書かれています。

たとえば、ベタがけ資材（低温から野菜を守るために掛けるシート）を剥がす時期について、桜の花が咲く時期を目安にすることが書かれていて、さらに、それを試したときの状態も詳細に記録してあります。

昭和村では、一般的に桜が咲く時期に剥がすというのが通例となっていますが、検証した結果、これが静岡県でも正しいことがわかったのです。

また、ほかのレタス農家がやってよかったことについて、なぜよいのかという考察も書かれています。また「昆布がいいのでは？」というアイデアも書かれています。

それだけではありません。虫の発生など、現状では原因がわからず解決できない問題もきちんと記録しています。

このように、ただ単に人から聞いたことでも、**自分の畑に関連づけて記録しておく**ことが大切です。疑問に思ったことを記録しておくことで、あとになって得られた情報と関連づけて、その問題が解決できることがあるのです。

2 定性的記録だけではなく、定量的な記録が大切

次の表は、過去6年間、塚本さんが栽培をしてきた実績です。これを見ると、比較的栽培をしやすい秋と春の反収（1反当たりの収穫高）は年を追ってもそれほど変わっていませんが、栽培が難しい1～3月の平均反収は過去の同時期に比べ約20％高くなっています。塚本さんが、難しい時期の歩留まりを上げる技術を高めてきたことがわかります。

年度別レタス収量比較表

月	年度	収穫面積(a)	実績(c/s)	平均反収(c/s)	圃場	反収	備考
10月	2010	30	1363	454	前堀		
	2012	33	1301	394	七曲	372	
	2013	82	2188	267	七曲		
11月	2008	71	2834	399	通年		
	2009	75	2574	343	通年		
	2010	109	4606	423	通年	380	
	2011	181	5672	313	通年		暑い、台風、タール
	2012	224	9399	420	西平尾、札田		乾燥、台風
	2013	207	7878	381	西平尾、札田		台風、生育不良
12月	2008	105	4566	435	通年、倉橋		
	2009	152	3548	233	通年、倉橋		台風、雨多、斑点細菌、スティンガー弱い
	2010	173	8194	474	札田	399	雨小、ツララ増やす
	2011	174	6776	389	札田		暑い
	2012	180	7988	444	札田		後半小玉、下の方日陰
	2013	230	9664	420	育苗ハウス		藁すき込みよし
1月	2008	103	2824	274	橋横		
	2009	112	3727	333	橋横		ツララ、スティンガー
	2010	136	4906	361	橋横	353	ツララ、スティンガー
	2011	153	6023	394	札田		ツララのみ
	2012	253	9425	373	佐野、南東		早めにスティンガー切り替え
	2013	243	9276	382	札田		両脇パオパオボケる
2月	2008	138	4213	305	南西		
	2009	180	6428	357	南西		スティンガーメイン
	2010	150	5475	365	南西	348	ツララ、スティンガー
	2011	263	9885	376	南西		ツララ、スティンガー、寒、乾燥
	2012	233	7445	320	酒前橋、北西		寒、乾燥、ラウンドだめ
	2013	202	7402	366	南西		両脇パオパオわからない
3月	2008	139	4453	320	酒前、通年		
	2009	167	6285	376	酒前、通年		
	2010	224	8062	360	通年、前西	365	スティンガー引っ張りすぎ、非結球
	2011	143	5241	367	酒前、通年		アモーレに早めに切り替え
	2012	161	5936	369	八木、松山		寒、乾燥
	2013	255	10203	400	北西、八木		ラウンド良し
4月	2008	117	4627	395	通年、小笠原		
	2009	135	4572	339	通年、グリ橋		コンスタント
	2010	149	5001	336	酒前	394	ベト(苗)、アモーレ
	2011	171	7049	412	通年、八反坪		
	2012	199	8577	431	謙治②、八反		ベト、大玉
	2013	206	9335	453	謙治②、八反		
5月	2009	50	2177	435	木村		
	2010	44	1756	399	メロン		ベト
	2011	50	2179	436	木村	400	5月からパオパオ
	2012	55	2222	404	桃の木、七曲		ベト
	2013	98	3214	328	コムサン		最後早めの収穫
合計	2008	673	23517	349			
	2009	871	29311	337			深植え、菌核、抜き取り多い
	2010	1015	39363	388		372	過去5年間で一番つくりやすい年
	2011	1135	42825	377			強風、寒暖、雨多少の差が激しい、抜き取り多い
	2012	1338	52293	391			強風、寒暖、雨多少の差が激しい、抜き取り多い
	2013	1523	59160	388			暖冬、抜き取りせず、雨多い、つくりやすい

※2008年1月、2月の反収が3年後には改善され約90ケース増加した
1月と2月の技術アップに取り組んだ結果といえる

✚経営数字を時系列にまとめよう

表の備考には、品種やそのときの管理のポイントが書かれています。そのポイントにきちんと取り組んだことで、数字が改善したことがよくわかります。

１年だけの結果ではなかなか見えてこない変化も、こうして数年間の結果を並べることで、実際にやってきたことがどのように数字に表れるのかがよくわかるようになります。**数字を通して、技術の向上が手に取るようにわかる**のです。

それと同時に、これから何をどのように改善したら、さらに数字がよくなるのかということも見えてきます。それが次回からの明確な方針になるのです。

農業を始めて５年後からいろいろなことがわかってきます。５年後くらいから農業経営が面白くなっていくことが、この表からも理解できると思います。

過去に行った経営判断を時系列で見ることで、何をしたらどういった結果になるかが実感できるようになるのです。

✚品質も数値で把握できる

収穫量に大きな変化を与えるのが、野菜の品質です。

たとえばレタスの玉の大きさを毎年比べることで、技術とその年の天候の関係を知ることができます。

２００8年は技術も未熟で、極端に大きな玉と小さな玉になってしまっています。これを月別平均反収で見ると、11月と12月、４月は高い反収でした。この時期に大きな玉が出荷されたことがわかります。逆に、１～３月までは植え付け面積も変わらないので、小さな玉になっていたことがわかります。

この状況を反省して、苗の植え方や施肥の仕方、マルチの張り方などを改善しました。そうすることで翌年には、１～３月の収穫量が改善されたのです。

このように品質についても数値化して、過去の実績を並べることで、何をどう改善したら歩留まりが上がり、品質がよくなるのかが手に取るようにわかるのです。**過去を知ることは、未来を予測することにつながります。**

誰もがそうですが、栽培した年には、その年のことを感覚的に覚えていますが、時間がたつにしたがってイメージが薄れてしまいます。しかし、こうして毎年の数量を比べてみると、実績がわかりやすくなるのです。

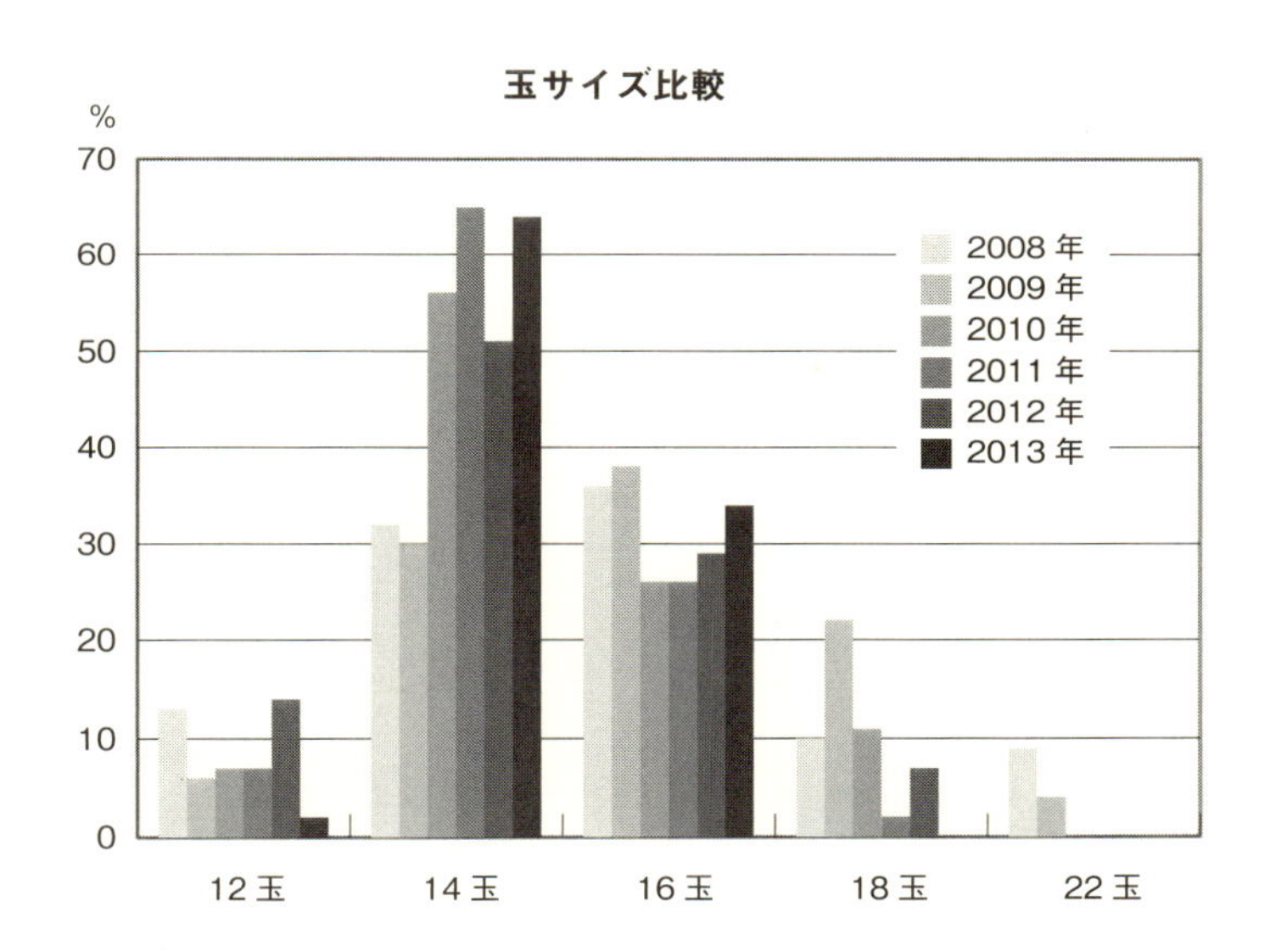
玉サイズ比較
%
70
60
50
40
30
20
10
0
2008 年
2009 年
2010 年
2011 年
2012 年
2013 年
12 玉
14 玉
16 玉
18 玉
22 玉

月別平均反収

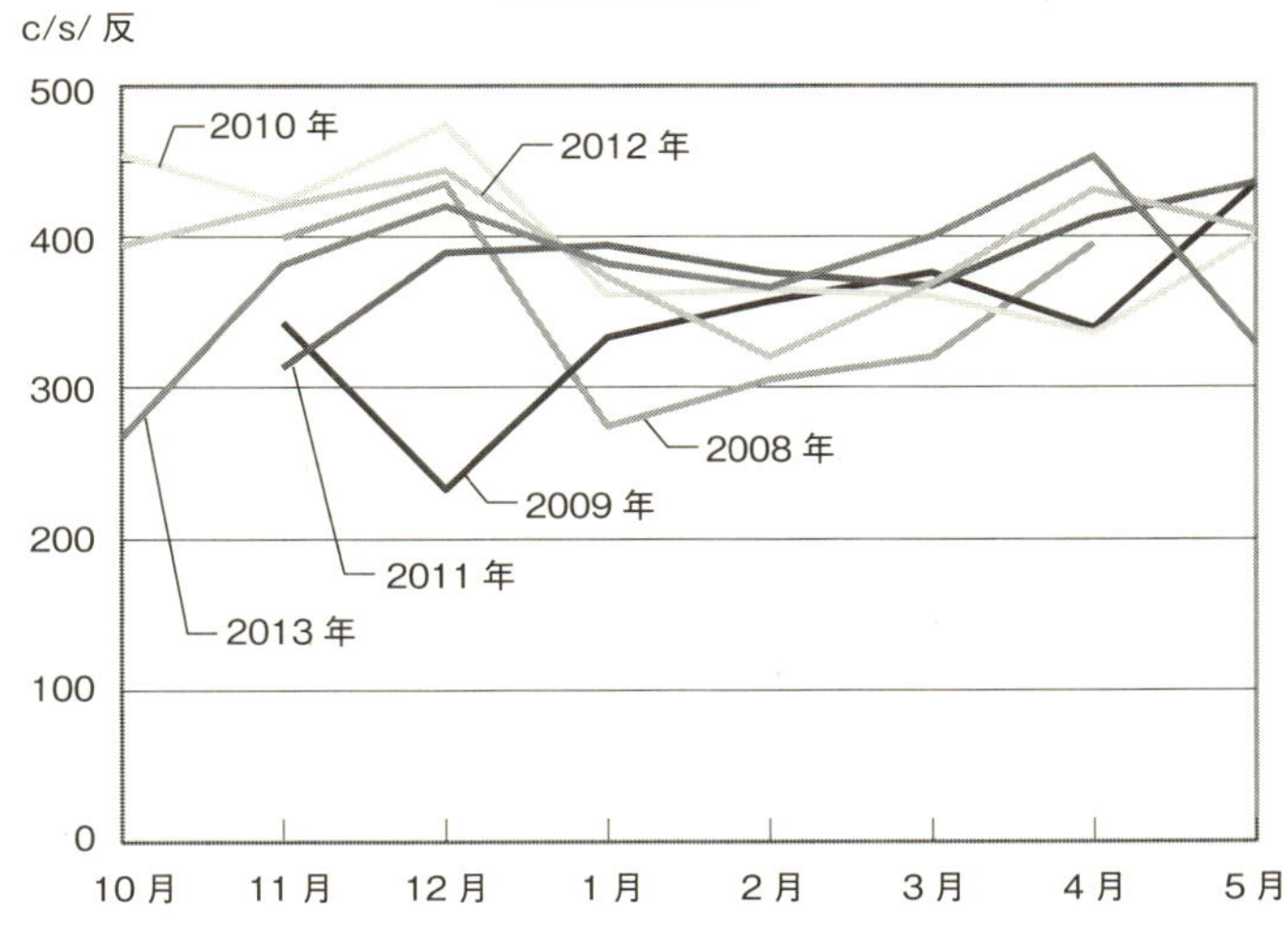
c/s/ 反
500
400
300
200
100
0
2010 年
2012 年
2008 年
2009 年
2011 年
2013 年
10 月
11 月
12 月
1 月
2 月
3 月
4 月
5 月

3 記録をつけていれば、次年度の計画も簡単につくれる

塚本さんは、数年の実績から直近の実績についても、さらに細かな記録を残して検証しています。

✚経年の結果と昨年の栽培実績を見る

直近の計画書とそれに対する実績の中には、圃場名、面積、定植枚数、品種、播種日、植え付け日、収穫期間など、さらに細かなことが書かれています。

この表と収量比較表があることで、どの畑がよかったのか、どの品種がよかったのかが手に取るようにわかるのです。

そして、この実績と今までの数年の結果をもとにして、次の年の計画を立てていきます。

✚計画立案と計画変更

計画は出荷する月から落とし込みます。**すべては出荷日からさかのぼって、作業計画を立てるのです。**そうすることで安定出荷をする計画ができあがります。

塚本さんも収穫予定日に出荷するために、それぞれの作業は出荷日からさかのぼって計画をしています。10月に出荷するレタスは播種を８月17日から始め、定植は９月７日から始まります。

そして、その隣には手書きで実績が書かれています。それを見ることで、作業が計画通り行われているかどうかが把握できるのです。播種と定植が期日通りにできていて、そのあとの管理に間違いがなければ、だいたい予想した収穫日前後５日くらいの差で収穫することができるのです。

これは、安定出荷の基本中の基本です。この計画なしには安定出荷は実現しません。そして、毎年これを繰り返していく中でその精度が高まるのです。

＋計画には表れない作業のスキルをしっかり身につける

作物によって進捗管理のポイントがあります。計画には書かれない裏側に、たくさんの小さな計画があります。

たとえば、定植日が決まっていると、それに向けて畑の土づくりやマルチ張りなどの計画が

タス播種予定表 2013

種	枚数	床土	予定圃場	面積	圃場	収穫週	収穫日
マンテ	60	N100L	七曲④	2.1	七曲④	10月4週	10/20〜10/26
マンテ	60		七曲③	1.1	〃 ,③		
マンテ	60		七曲⑤	1.7	〃 ③,⑤ 180		
マンテ	60		西平尾④	1.7	七曲⑤ 西平尾④	11月1週	10/27〜11/2
マンテ	60		西平尾③	1.6	西平尾④,③		
マンテ	60		西平尾⑤	2.5	〃 ③⑥		
マンテ	60				〃 ⑥,⑤	11月2週	11/3〜11/9
マンテ	61		西平尾⑥	2	〃 ⑤		
ーヘッド	61		西平尾①	2.1	〃 ⑤,①		
ーヘッド	62		西平尾②	1.8	〃 ①,②	11月3週	11/10〜11/16
ーヘッド	62		西平尾⑦	2.2	〃 ②,⑦		
ーヘッド	62				〃 ⑦		
ーヘッド	62		西平尾⑧	1.5	〃 ⑦,⑧	11月4週	11/17〜11/23
ーヘッド	62		札田-2	1	西平尾⑧ 札田-2,-3		
ーヘッド	62		札田-3	2.2	札田-3		
ーヘッド	62		札田-1	2.1	札田-2,-1	11月5週	11/24〜11/30
ーヘッド	~~62~~ 64		札田0	2.2	〃 -1,0		
ルド	63				〃 0,20 921		
ルド	95		札田⑳、⑯	1.8	〃 20,16,15	12月1週	12/1〜12/7
ルド	95		札田⑮	1.5	〃 15,14 育苗ハウス前		
グヘッド	95		札田⑭	1.7	育苗ハウス前,うしろ	12月2週	12/8〜12/14
グヘッド	95		育苗ハウス前	2.1	育苗ハウスうしろ		
グヘッド	95		育苗ハウス北	3.8	〃 うしろ,北東	12月3週	12/15〜12/21
グヘッド	~~95~~ 96		育苗ハウス北東	2.2	〃 北東,南,570 北,		
ララ	84		育苗ハウスうしろ	2.9	〃 北	12月4週	12/22〜12/28
ララ	84		育苗ハウス南	1.6	〃 北,札田①		
ララ	84		札田①	2.3	札田①,② 252		
ララ	79		札田②	1.3	〃 ②,③	1月1週	12/29〜1/4
ララ	79		札田③	2.8	〃 ③,④		
ララ	79		札田④	2.5	〃 ④		
ララ	79		札田⑤	1.8	〃 ④,⑤		
ララ	79		札田⑥	1.8	〃 ⑤,⑥	1月2週	1/5〜1/11
ララ	79		札田⑦	1.7	〃 ⑦,⑧		
ララ	80		札田⑧	1.8	〃 ⑧,⑨		
ララ	~~80~~ 81		札田⑨	2	〃 ⑨,⑩	1月3週	1/12〜1/18
ンガー	79		札田⑩	2	〃 ⑩,⑪		
ンガー	79		札田⑪	1.6	〃 ⑪,⑫		
ンガー	79		札田⑫	1.3	〃 ⑫,⑬	1月4週	1/19〜1/25
ンガー	79		札田⑬	1.8	札田⑬,佐の		
ンガー	79		ハウス南東	3	〃 佐の②		
ンガー	79		ハウス南西	3	佐の②	1月5週	1/26〜2/1
ンガー	79		ハウス南西②	3	佐の③ ハウス南東①		
ンガー	79				1266 南東② 南西③		

すべては出荷から逆算して計画する

あります。最初は、それらの細かな作業計画をきちんと作成することもありますが、その作業はパターン化してくるので、経験を重ねると経営者のスキルとして体に蓄積されていきます。

計画通りに実行されない要因は、肥料撒きやマルチ張りなどの作業がうまくいっていないことにあります。苗が植えられていないと、それは品質や出荷量に影響を与えます。そして、計

計画と実績を対比していると作業の進み方がリアルタイムに誰でもわかる

レタス

収穫月	播種日	播種実施日	定植日	定植実施日	品種
10月	8/17	8/17	9/7	9/4 (60)	ディアマン
	8/19	19	9/9	9/8 (33) (6) 9/9 (21)	ディアマン
(4.5反)	8/21	21	9/11	9/10 (10) (50)	ディアマン
11月	8/23	23	9/13	9/13 (19) (41)	ディアマン
	8/25	25	9/15	9/14 (29) (31)	ディアマン
	8/27	26	9/17	9/17 (22) (38)	ディアマン
	8/28	28	9/18	9/18 (56) (4)	ディアマン
	8/30	30	9/20	9/19 (61)	ディアマン
	8/31	31	9/21	9/20 (16) (45)	サマーヘッ
	9/1	9/1	9/22	9/21 (96) (15)	サマーヘッ
	9/2	2	9/23	9/22 (45) (57)	サマーヘッ
	9/3	3	9/24	9/23 (62)	サマーヘッ
	9/4	4	9/25	9/24 (10) (52)	サマーヘッ
	9/6	6	9/27	9/25 (3) (34) (25)	サマーヘッ
	9/7	7	9/28	9/27 (62)	サマーヘッ
	9/8	8	9/29	9/28 (7) (55)	サマーヘッ
	9/9	9	9/30	9/29 (28) (36)	サマーヘッ
(22.5反)	9/10	10	10/1	9/29 (54) (9)	マイルド
12月	9/11	11	10/2	9/30 (32) (27) (36)	マイルド
	9/13	13	10/4	10/1 (22) (66) (7)	マイルド
	9/14	14	10/6	10/2 (78) (17)	スプリングヘ
	9/15	15	10/7	10/4 (95)	スプリングヘ
	9/16	16	10/8	10/4 (10) (31) 10/5 (54)	スプリングヘ
	9/17	17	10/9	10/5 (0.2) 10/6 (62) (34)	スプリングヘ
	9/18	18	10/11	10/8 (84)	ツララ
	9/20	20	10/12	10/9 (47), (37)	ツララ
(19.8反)	9/21	21	10/13	10/11 (63) (21)	ツララ
1月	9/22	22	10/14	10/12 (30) (49)	ツララ
	9/23	23	10/15	10/13 (66) (13)	ツララ
	9/24	24	10/16	10/14 (79)	ツララ
	9/25	25	10/18	10/14 (8) (71)	ツララ
	9/27	27	10/19	10/15 (2) (97)	ツララ
	9/28	28	10/20	10/17 (66) (13)	ツララ
	9/29	29	10/21	10/18 (54) (26)	ツララ
	9/30	9/30	10/22	10/20 (43) (15) 10/21 (23)	ツララ
	10/1	10/1	10/23	10/21 (50) (10) 10/22 (19)	スティンガー
	10/2	2	10/24	10/22 (35) (44)	スティンガー
	10/4	4	10/25	10/22 (8) (32) 10/23 (39)	スティンガー
	10/5	5	10/26	10/23 (6) 10/27 (73)	スティンガー
	10/6	6	10/27	10/29 (86) ([illegible]) 10/28 (25) (37)	スティンガー
	10/7	7	10/28	10/28 (65) 10/29 (14)	スティンガー
	10/8	8	10/29	10/29 (14) (20) 10/30 (29),	スティンガー
(31.5反)	10/9	9	10/30	10/31 (46) (33)	スティンガー

画に支障が出てきて、計画値に届かなくなるのです。そのようにならないためにも、基本的な作業スキルを必ず身につける必要があります。

他業種で参考になるのが、建物を建てるときに建設業者が作成している工程管理表や、加工メーカーが商品を製造するときに使用するフローチャートなどです。それらを工夫して、作業の整理に役立てることは重要です。しかし、動的な管理をしなければならない農業の場合や、一人で作物の生育を管理していく場合は、まずここで紹介した表で進捗管理をするだけでも十分だと思います。

第5章

多くの中小企業経営者から学ぶ

1 経営者の集まりの中で自分の立ち位置を知る

私はよく「どこで経営の勉強をしたのですか?」と質問されます。それに対して、「中小企業家同友会という経営者の会や、商業界、日本創造教育研究所(日創研)という教育会社で異業種の経営者たちの話を聞いて、その人たちがやっていることをマネしただけです」と答えています。

✚どうやって会社経営をすればいいのか

私は、平成6年に家族経営だった「沢浦農園」を「グリンリーフ有限会社」にしました。作物の栽培やこんにゃくの加工について少しはわかっていても、会社をどうやって経営したらよいかは知りませんでした。求人の方法、給与のこと、借り入れや運転資金の考え方、経営計画の立て方、理念や方針のつくり方などまったく知らなかったのです。また、それらが会社経営に必要だということさえ知りませんでした。

そうしたときに、取引先の人からアドバイスをいただきました。

「澤浦さん、法人にしたのなら、それなりに勉強したほうがいいよ」

そして、中小企業家同友会や日創研を紹介してもらったのです。それは会社を設立した年のことでした。法人経営といっても、両親と私、信用金庫を辞めて手伝うようになった妹とパートさん、アルバイト数名という状態です。個人経営に毛が生えた程度の規模でした。

それらの会に参加してみると、ほかの経営者と自分の経営内容の差に愕然としました。本当に私がこの場にいていいのだろうかという負い目を感じ、戸惑いを隠し切れませんでした。正直そこにいると、できていない自分を目の当たりにして、とても居心地が悪かったのです。

しかしそこにいれば、私もそうした経営者たちからいろいろ教えてもらえて、一歩でも彼らに近づくことができると思い、そこに身を置くことにしました。

中小企業家同友会では、「よい会社」「よい経営者」「よい経営環境」を目指し「自主・民主・連帯」の精神を持って、経営のことをいろいろな角度から勉強していきます。行政などからの資金的な支援を受けていない独立性の高い経営者の会です。一社ではできない共同求人、社員共育、経営研究、障害者雇用などの勉強や活動をしています。その会の中で、人を雇用して新入社員研修をするなど、他産業の経営者の生きた情報を聞くことで、それを農業の場面に活かそうと思うようになったのです。

✚ 農業の常識と他産業の常識は違う

たとえば、運転資金の考え方についてもここで教わりました。それまで私は運転資金として借り入れするのは悪いことだと考えていました。しかし、毎年秋になりコンニャク芋の収穫をして保管すると、原料在庫が増え、そのたびにお金がなくなっていくのです。

「一所懸命やっているのに、売上が増えるとお金が不足してしまう。なんでうまくいかないのだろう」と思っていました。そんなとき、ある経営者が運転資金について話をしてくれたのです。

必要なときに一時的に資金を手当てすることは悪いことではないと知り、目から鱗が落ちるようでした。なぜなら、当時、私が農業金融機関からそのような資金を借りるときには、必ずよくないことを言われたからです。なぜ他産業の人たちは一時的な運転資金を当たり前のように借りられるのだろうと不思議でした。

思い切って、試算表を銀行に見せてみました。

「コンニャク芋を収穫して原料として保管をすると、お金が足りないのです」

「澤浦さん、この棚卸資産は原材料で、経営をしていく上で必要なものですよね。コンニャク芋は年に1回しか収穫がなく、まして有機のコンニャク芋は一般に流通していませんよね。それを1年分確保するのだから、その資金は運転資金と考えて短期借入を利用したらどうでしょう。私たちの銀行で貸しますよ」

それを聞いて驚きました。そのおかげで、有機コンニャク芋をしっかり確保できるようになり、有機商品を安定的に世に出すことができるようになったのです。それによって、会社の屋台骨ができました。

✚ 農業法人の経営者との交流も成長を促す

このほかにも社内の人間関係づくりからはじまり、親から子への経営継承や、経営者としての姿勢、さまざまな業種の人たちの経営体験発表などを聞く機会にも恵まれ、他産業の人たちがどのような考え方で経営を行っているのかを知ることができました。

私はそこで学んだことを自分の農業経営に取り込んでいきました。もし、中小企業家同友会や日創研で多くの経営者の人たちと会うことがなかったら、今の私の経営はないと思っています。そういった体験から、私が農業をしている人に講演をするときには、中小企業家同友会に入会することをすすめています。

また、異業種の経営者だけでなく、農業法人の経営者との出会いも、私を成長させてくれました。同業種の経営者とはお互いに深い話ができ、また専門的な話もできるからです。

日本農業法人協会ができたとき、私はまだ30代前半でしたが、群馬県の農業法人数が少ないこともあって、群馬県の代表をすることになりました。また、平成11年にその日本農業法人協会が社団法人化したとき、35歳で運営委員になりました。全国から集まる先輩農業経営者の人たちと話をする中で、農業法人の地位向上や経営環境の確立、他産業に劣らない農業経営のあり方を勉強し、それらをマネして実践させてもらいました。外国人研修生の受け入れ事業や新農業人フェア、学生の農業インターンシップ制度なども、農業法人協会と関係機関が中心となって取り組みが始まったのです。

42歳で運営委員を終えたときもまだ最年少だったこともあり、この約10年間で全国から集まった先輩経営者たちから農業経営についていろいろなことを教えていただきました。

2 家族経営でも大切な経営指針書づくり

中小企業家同友会の中で最も重要な学びになるのが、経営指針づくりです。経営指針とは「経営理念」「経営方針」「経営計画」を文書化しまとめたものを言います。

✚ 経営理念が会社の未来を決める

「経営理念」とは、会社の目的、経営をしていく上で一番大切にしている価値観や考え方、思い、理想のことです。つまり、会社運営のすべてがこの経営理念から始まっているのです。

なぜ「経営理念」が大切なのでしょうか。たとえば、私たちが今住んでいる世の中は、昔の人が思い描いた世界です。自動車も飛行機も元々あったわけではなく、すべては無から生まれたのです。それは、人の心の中に「早く移動したい」「空を飛びたい」という希望や欲求があり、先人たちはそれを具体的に考えて試行錯誤を繰り返してきました。その結果、今の車や飛行機ができてきたのです。

つまり、人がつくり出した形あるものは、すべて人の心の中にあった夢や思い、欲求が形になったものなのです。

ですから、今私たちが考えていたり欲求していることは、時間が経過する中で必ず形になっていきます。正しいことを考えていれば正しい形になり、間違ったことを考えれば間違った形になります。つまり、**経営理念が正しければ会社を正しい方向に導き、間違っていれば間違った方向に導く**のです。**経営理念が会社の将来をつくっていく**わけです。

私は、同友会に入会して3年目くらいのときに、経営指針づくりに参加しました。経営内容も貧弱で、正直参加するのが恥ずかしかったのを今でも覚えています。そして、そのときと同じ感情は今でもあります。今でも、すばらしい経営をしている会社から刺激をもらっています。最初の指針づくりでは、４つの経営理念をつくりました。その後、わが社の経営理念を見直し、現在は「感動農業・人づくり・土づくり」となりました。そして、最初につくった経営理念は、使命・目的としています。

✚ 変化が激しい時代には、中期的な経営方針が大事

「経営方針」は、「経営理念」などの目的を達成するために、その方向を示したものです。方針には、10年後を見越した長期方針、３～５年先を見越した中期方針、１年ごとの短期方針などがあります。この方針を戦略という場合もありますが、ここでは方針としたいと思います。

現在は環境変化が激しく、具体的な長期方針を立てても変更しなくてはならないことがありますが、中期方針は１年でできない事業や仕事を年度を超えて行うためにとても重要です。中期方針を立てるのに、これから行いたいことを中心に置いてＳＷＯＴ分析（強み、弱み、機会、脅威を分析して経営資源の最適化を図る戦略ツール）やバランススコアカード（財務、顧客、業務プロセス、学習と成長の視点でバランスよく業績評価を行うツール）などを利用して、外部環境分析、内部環境分析、財務分析、顧客分析、商品分析などを行います。そして、

経営的に力を入れていく部門や仕事が何かを見極めるのです。

また、ワクワクするために将来こうしたいという、経営者や働く人たちの希望もこの中に盛り込むことも大切です。

私がまだ家族と数名のパートさんでやっていたとき、将来こうしたいという思いを方針にしていました。面白いことに計画とは多少の時間差がありましたが、それはほぼ計画に近い形になっていきました。

✚具体的な計画がなければ、夢は実現できない

そして、経営方針を実現するために重要なのが「経営計画」です。夢や目標、方針が立てられても、具体的な実行計画や資金計画、農場であれば作付け計画、加工場であれば販売計画から落とし込まれた生産計画ができなければ、絵に描いた餅になってしまいます。夢を語っても実現できないのは、この実行計画ができてないか、行動できない実行計画になっているか、計画をやらないかのどれかなのです。

経営計画は「何を」「誰が」「どこで」「いつまでに」「誰と」「どのくらい」「いくらの予算で」というキーワードでつくり上げます。そうして方針ごとに実行計画を立てていくのです。また、資金計画から目標利益を出し、そこから実行計画を立てることもあります。実行計画を

立てたあとは、それが実行可能であるかどうか検証していくのです。

これを何度か繰り返す中で、会社の未来をつくることができるのです。

私は、家族経営で行っている頃、作物別の目標売上金額から歩留まりを勘案して、栽培面積を割り出し、毎日の種蒔きの面積と収穫量を出していきました。労働力的に大丈夫かどうか、無理なようなら雇用するかどうか、ということを事前に計画で練っていきました。

現在は、会社全体の計画づくりになり、栽培面の計画は農場の人たちが中心になって計画を作成し、日々の作業へと落とし込んでいます。


このように経営指針を同友会で学び、私たちは毎年作成しています。

よく「経営指針や計画をつくっても、その通りにいかないからつくっても意味がない」と言う人がいます。実際、私の経営も計画通りにいかないことが多いですが、経営指針を作成する大きなメリットは、**計画通りにいかないときにその要因や原因に気づき、次の対策が打てるようになる**ことです。そして、その要因や原因は自社の成長の芽であり、改善しなければならない課題そのものなのです。

つまり、計画を立てないと問題や課題も見つからず、毎年同じ失敗を繰り返してしまうでしょう。そうすれば顧客からも見放されて、いずれ経営も成り立たなくなるのです。

3 経営指針書はどう作成するか――わが社の例

私たちは中小企業家同友会に入会して間もなく経営指針書を作成しました。毎年、それを社員と作成しています。具体的な手法については割愛させていただきますが、以下では、私たちがどのように経営指針を立ててきたのかを解説します。

✚ わが社の経営理念は何を意味しているのか

私たちの経営理念は「感動農業・人づくり・土づくり」です。以前、グリンリーフでは「すべての幸福と豊かさの創造」「社員の幸福と豊かさの向上」「お客様の幸福と豊かさの向上」「会社と地域社会の幸福と豊かさの向上」が経営理念でしたが、今一つ心に響くものがありませんでした。

そこで平成18～19年にかけて経営理念を見直し、「感動農業・人づくり・土づくり」としました。そして、それまで経営理念としていた4つを、会社の使命・目的にしたのです。経営理念を変えたことで、とてもしっくりくるものになりました。家業をグリンリーフに法人化してから12年かかってできた経営理念です。

「感動農業」の意味は３つあります、１つ目は「感じて動く」ということです。野菜たちがどのような状態でいるのか、あるいはお客様や働く人がどのような状態でいるのかを感じて、気づいたことをよりよい方向に変える行動をしようということです。

２つ目は、食べていただくお客様や関係者の方々に感動してもらえる野菜や商品・サービスを創り続けるということです。常に商品に磨きをかけて、よりよくしていく努力をすることです。そして、３つ目は、働く私たち自身が感動する仕事をするという意味があります。感動するために夢や目標を持ち、それに向かって働くことを求めているのです。

「人づくり・土づくり」には、人の健康と土の健康は常に一体となっているという意味があります。私たちが毎日食べている食品は、すべて大地と空気からその成分を得ています。つまり、土のミネラルバランスがそのまま人間の体のミネラルバランスと一致するのです。

たとえば、カルシウムが不足すると、キレやすくなると一般的に言われています。現在、ちょっとしたことでキレて人を傷つける事件がありますが、これはカルシウム不足でキレたことが１つの原因ではないかと思っています。

また、亜鉛というミネラルは、細胞分裂を正常にする働きがあります。人間の体の中で細胞分裂が盛んに行われているのは、舌の味覚をつかさどる味蕾（みらい）という部分と精子をつくり出す睾丸です。今、男性の精子数が減っている1つの原因は、亜鉛欠乏とも言えます。もしかすると、今の少子化の1つの原因かもしれません。

ほかにもミネラルと私たちの精神状態は密接な関係があることを日本総合医学界の故・中嶋常允先生から教えていただきました。

つまり、土をつくることは人の体をつくることになるのです。そして、そのような健全な土をつくっていくためには、そこに関わる私たち農業者の正しい価値観や思いが大切で、そのような思いで農業を行える人を育てていくという意味があるのです。

この経営理念をもとに4つの使命・目的があり、会社の将来像（ビジョン）があります。私たちのビジョンは「大家族経営」「健康な食の創造企業」「食卓に並ぶ農産物を年間生産供給できる農業会社」「人財育成会社」です。大家族経営とは、1つの目的に向かって老若男女、国籍を問わず、障害のある人もない人も、それぞれが役割を持って働き、一人ではできない大きな目標を達成していく会社という意味です。このほかにも教育についての考え方や人事についての考え方、行動方針などを定めています。

✚ 環境が激変したとき、経営方針はどう変えるか

経営方針は外部要因や内部要因によって変わりますが、ビジョンや理念の達成に向けて「顧客満足の向上」「増収増益」そのための「人財育成」と「組織体制の確立」などが主な方針になり、さらに細分化しています。SWOT分析などを行いながら、何に力を入れていくのかを方針にしていきます。そして時に、方針は大きく見直すことも必要になります。

平成23年3月に起きた震災で、私たちは大きな方針転換を求められました。ちょうど3月末に野菜くらぶの株主総会と方針発表会があったのですが、震災以前に立てた方針をすべて見直しました。その理由は、外部環境がまったく変わってしまったからです。原発事故で野菜が出荷停止になり、今後、農業生産や販売がどのようになるかわからない状態で、生産者は種を蒔いていいのか、肥料や資材を購入していいのか判断に迷う状態でした。そのときに最初に出した方針が「種を蒔き続ける」というものでした。

「売れるかどうかわかりません。でも今日、種を蒔かなければ、確実に数カ月後に私たちのお客様は食べ物を失うでしょう。だから少しの望みでもつないで、未来のために種を蒔き続けましょう」

総会の方針発表で説明しました。そうしたところ、生産者仲間からも声が上がりました。

「そうだ！　種を蒔き続けよう！」

混乱の中、進むべき方向が明確になったのです。同時に私は、マスコミの取材を受け入れて、生産現場の状況と「それでも種を蒔く」というメッセージを出し続けました。ありがたいことに、そのテレビや紙面を見てくれた多くのお客様から応援と「ありがとう」という感謝のメッセージをいただいたのです。

そうはいっても、万が一、本当に野菜が売れなかったときのために資金も準備しました。最悪の事態を考えて政府系金融機関に相談をし、手元資金を厚くする手配をしました。東京電力からの補償についてもどうなるかわかりませんでしたが、全生産者に写真や記録を残すよう連絡をして準備を促しました。放射線を測定するシンチレーションサーベイメーターを購入し、加工で使用する野菜や出荷する野菜の検査を始めました。完璧ではないにしても、そのときにできる最善の管理をして、お客様に安心していただける行動を取ったのです。

その後、野菜については夏頃から売上が戻ってきました。少し世の中が落ち着き、震災直後に種を蒔いた野菜を収穫し出荷できたのです。加工品については、いち早く東電に補償の手続きをして、失った顧客の売上減少分を約３年間補償してもらうことで、経営を維持することができました。その間、新たな顧客開拓と商品開発を進め、平成27年２月期には事故前を上回る過去最高の売上を記録することができたのです。

また、そのときに、再生可能エネルギーへのシフトを方針として打ち出しました。２６５キロワットの太陽光発電にはじまり、大規模ソーラー発電所の建設とトマトハウスにバイオマスボイラーを導入して、暖房に使用している燃料の95％以上をバイオマス燃料に切り替えることができたのです。そして、そのことで多くのお客様からの支持をいただくことができました。

✚ 混乱期と平穏期の経営計画の立て方

私たちの経営計画は、行動計画と収支計画が中心になっています。

行動計画は、部門ごとに作成をして、その年に何に力を入れていくのかを明確にします。

収支計画は、会計士と一緒に昨年の実績や今年の計画を数字に盛り込み、その年の期末にどのような決算数字になるのかをつくり上げていきます。これには「ＭＡＰ経営シミュレーション」というソフトを使い、事前に人件費や売上、材料費などの経費の計画を立てて、それを落とし込みながら作成します。

震災後3年間は頻繁に外部環境が変わり、それによって常に方針転換を求められたので、毎週月曜日の幹部会議で進捗を確認しながら、行動計画を修正して進めていきました。

大震災と原発事故を経験して、計画についても比較的平穏な時期と原発事故時のような混乱期ではまるで立て方が違うと実感しています。

混乱期は、朝と夜で方針や計画が変わることも日常茶飯事です。そのようなときには、**トッ**

プのリーダーシップと社内の信頼関係がとても重要です。**平穏なときの計画は全員参加型で作成して、それを実行していく**ことが参加意識も高まってよいと思います。

4 農業で必要な「共同求人」と「社員共育」

私が農業を始めた頃は、農業は3Ｋ産業（きつい、きたない、危険）と言われて嫌われていました。また時代もバブル期で人手が不足しているような状況でしたから、求人を出してもなかなか人が集まりませんでした。また、募集の仕方もよくわからず、知り合いから紹介してもらうような状態でした。

＋場当たり的な採用では、いい人材は育たない

中小企業家同友会では、「社員と共に」「人間尊重の経営」という考え方があります。働く人たちの能力を高め、経営者と社員が「共に育つ（共育）」ことを目的に、共同求人活動や社員研修などをさまざまな会社と合同で行っています。大企業であれば人材育成部門があり、社内

で社員研修をすることができますが、中小企業や農業法人の場合は社内にそのような専門的な部署はありません。そのため多業種の会社が集まって、人材育成を効率的に行っているのです。

私の会社が社員数名で仕事をしていた時代は、まだバブルの余韻が残っていました。なかなか人が集まらず、定着も進みませんでした。

「今日、社員は時間どおりに働きに来てくれるだろうか？」

心配の毎日が続きました。オンシーズンになって作業が増えてくると、社員が会社に突然来なくなることがよくありました。そのたびに、残った人間で夜中まで仕事を続けました。

あるとき、地元では見つからないからと都会で募集をしたところ、採用した人は現れず、代わりに警察から電話がありました。

「グリンリーフさんですか？　○○警察ですが、そちらで△△さんが働いていますよね」

「いや！　その人は来る予定でしたが、来なくて連絡もつきません」

「本当ですか？　そちらで働いていることになっていますよ。嘘を言うと、あなたも同罪になりますよ」

突然、こんなことを言われたのです。よく事情を説明したところ信用してもらえました。そのときにわかったのですが、その人は犯罪者で追われる身だったようです。

仕事が増えていく中で、場当たり的に採用をしていました。もちろん、残ってくれる人も出てきましたが、言われたことをただ行うのではなく主体的に働いて、一緒に経営にも参加しながら農業という職業に誇りを持てる職場にしたいという思いとは、真逆の出来事が日々起こっていました。

✚ 共に育っていかなければ、人は育たない

そのようなときに、知り合った経営者から注意されました。

「澤浦君、場当たり的に人を採用して作業だけをさせていてはいい人は育たないよ。計画的な採用と共育が大切だよ」

確かにそうでした。それまでは仕事が忙しくなると求人広告を出して、とりあえず人を手配するだけでした。共に育つようなサポートもせずに、作業だけをさせていたのです。「何のために仕事をするのか」という仕事の意味、具体的な技術研修などを共に学ぶ「共育」の機会を与えてないことに気づき反省しました。

それから、同友会や新農業人フェアで定期採用を始め、採用した人には新入社員研修やフォローアップ研修に出てもらうようにしました。私自身が受けてよかった研修を、幹部社員に受けてもらうようになったのもその頃です。

そうする中で、「仕事」についての考え方が社員さんにも定着し始めて、今ではその人たちがそれぞれの部門を任せられる人に育ってきたのです。

経営者は経営者によって磨かれ、鍛えられるという話を聞いたことがあります。まさに、その通りだと実感しています。異業種の社長たちの中でいろいろと教わりながら、時には厳しく叱っていただいたからこそ今があるのだと思います。

第6章

弱みに負ける人、リスクを武器にする人

1 天候に左右されるという弱み

弱みとは、欠点、あるいは短所やほかと比べて劣ることです。ネガティブなイメージがありますが、私はそれを克服したときに、強みに変わると思っています。私は何かあったときに、**「問題点は宝」**と考え**「欠点、弱みは将来の芽」**と思って事に当たっています。

✚天候のことをお客様に理解してもらう

農産物は、太陽や雨（水）、土、大気の状態で変化します。簡単に言うと、植物は太陽の光を浴びて、根から吸収した水と葉から吸収した二酸化炭素を葉緑素の中で光合成し、炭水化物をつくります。そして、その炭水化物と窒素が結びつきアミノ酸となり、タンパク質となっていきます。また、炭水化物の分子量が大きくなって、酸味になり甘みになり、さらにデンプン質になって植物に蓄積されていきます。

つまり、植物はよくも悪くも、必ず天候の影響を直接受けるのです。

天候の影響を受けるのが農業の特徴ですが、農産物を商品にするときには、天候の影響は弱みになることが多いのです。これをどのように克服するかが、経営を安定させていく上でとても重要になります。

これを克服するために何か1つの方法を取れば、天候に左右されない生産ができるということはありません。「販売先やお客様など相手の理解を深めること」「栽培技術を向上させること」「保存できる状態に加工すること」「組織的に取り組む仕組みづくり」など、いくつもの要素を組み合わせて、この弱みを克服していくしかありません。

また、「天候の影響を受ける」ということを逆手に取る方法もあります。

数年前に京都で講演をしたときに、ある青年から質問がありました。

「私は家族経営で果実を生産して市場（イチバ）に出荷しているのですが、安定した価格で販売できません。これから経営を安定させるために契約栽培をしたいと考えていますが、農産物なので、契約通りの時期に、約束した量が収穫できないこともあると思います。不足するときに市場（イチバ）から買って販売先に納めるのでは、責任を持った果実を納められません。そのようなときに、どのように過不足の調整をしたらよいのでしょうか？」

私はその青年が生産している作物や規模を聞いた上で答えました。

「まず、家族経営でおいしい果実を栽培しているのであれば、契約しようとする相手に『作物の都合で収穫しないと本当においしい果物をお客様に届けられません』と伝えて理解を得ることが大切だと思います。そして、契約の内容を時期や量ではなく『おいしさ』にしたらいいのではないでしょうか。本当においしい果実を届けるためには、熟し具合や食べ頃など、そのときの天候によって時期がずれるということを理解してもらうのです。

そして、そのことを理解してくれないお客様には販売しないと決めれば、その販売方法自体が差別化され、ファンがつくと思います」

それから1年後、再度、京都に講演に行ったときその青年と再会しました。

「澤浦さんの言うように『収穫できないときにはありませんが、その代わりに、おいしい時期に最高のものを送ります』と、生産の立場から本当のことを言ったら、契約先が『農産物だから天候の影響を受けるのは当然だよね。あなたのように正直に言ってくれる人だったら、きっとおいしい果実をつくると思うから一緒にやりましょう』ということになりました」

その青年が興奮した様子で話してくれました。私は自分が話した内容を忘れていて、「そんなこと言ったかな?」と思いつつも、とてもうれしい気持ちになりました。

その後、彼は「そのおかげで収入も5倍になりました」と報告してくれました。

これには驚きました。**おいしい農産物をつくる技術を持っている家族経営の農家が、天候のことを理解してくれるお客様と出会うと、このように大きく変わる**のです。正直に取り組むことが大切なことを改めて感じました。

✚リスクヘッジ方法を考える

2つ目の方法は、農業者個人としてできる技術的な対応です。

一般的に篤農家と言われる人たちは当たり前に行っていることですが、「季節に合った品種や作物を栽培すること」「雨が多いときに強い品種と雨が少ないときに強い品種の両方を栽培して、リスクヘッジすること」、そして「使用する畑の癖を知り尽くしたなかで、資材の選定、植える深さ、タイミングなどを複合的に考えて、作付けの順序や時期を決めること」です。

実は、これらは経験がないとわからない領域になってきます。作物によっても違いますが、新規就農者を見ていると、そのことに**気がつくのに約3年かかります**。そして、これに**対応できるようになるのに約5年かかります**。それ以降は経験の引き出しが増えていき、改善のスピードが速くなっていきます。その人の資質にもよりますが、その後、おもしろいように生産性は上がってくるのです。

3つ目は保存できるような状態にすることです。

私たちのところでは、有機コンニャク芋を栽培しています。それは日本農林規格の有機農産物で認証を取っているコンニャク芋です。当然流通量が少なく、その年の出来不出来が経営に大きな影響を与えます。

一般のコンニャク芋はその年の相場で価格が変動しますが、有機コンニャク芋は固定的な価格になります。ですから、豊作の年にはすべて原料として加工し、保管しておくことで原料リスクのヘッジができ、不作のときでも安定した製品の販売ができます。農業生産側から見ても、豊作のときに価格が下がることがなく収入が増えて経営が安定します。

このように**保管できる状態に加工しておくことで、価格を安定化させることができ、経営も安定する**のです。

✚日本列島の地形を利用してリスクを減らす

4つ目は組織として取り組むことです。

私たちには群馬県だけにとどまらず、青森県や静岡県、そして島根県、岡山県、京都府、そして長野県にも関連会社の農場や仲間の農場があり、1年を通じて葉物野菜や果菜類を栽培し、お客様に届けています。その経緯は、前著『小さく始めて農業で利益を出し続ける7つのルール』で書いたので省略しますが、日本列島は関東を中心に南北、東西に長くなっています。そして山があり、それぞれの地域で標高差を利用できる地形になっています。この**地形を利用して栽培することで、天候のリスクを小さくすることができる**のです。

天気図を見ると、梅雨前線や秋雨前線は東西方向に伸びた形でかかります。関東地方に前線があるときには、関東は雨でも、東北地方は晴れていることが多いのです。前線が北上したときは、東北地方は雨でも、関東は晴れています。その緯度の差と標高差を利用して生産をすることで、群馬ではよくない夏であっても青森ではよい状態で栽培できます。逆に、青森がよくないときに群馬がよいという補完関係が成り立つのです。

補完関係が成り立つ地域で同じオペレーションで農業を行うことによって、天候のリスクを小さくすることが可能になりました。

このほかにも、施設栽培にしていくことなどもありますが、天候リスクを少なくしていくには1つの方法ですべて解決できるわけではなく、いろいろな方法や仕組みを組み合わせ、そのリスクを減らしていくことが大切です。

しかし、平成26年には、前線が日本列島を縦断するようにかかり、全国各地で「観測史上初めて」という豪雨や雹（ひょう）、突風や竜巻が起きました。それまでの常識では考えられない災害が各地で起き、計り知れない天候の影響を受けました。このことで、私たちがこれまで行ってきた産地リレーも新たな局面を迎えてきたと感じています。

2 年間供給ができないという弱み

一人の生産者が露地野菜を年間を通じてお客様に供給するのはとても難しいことです。しかし購入する側は、季節を限定せず常にその野菜を使用しています。このギャップを市場（イチバ）や仲卸業という業態が調整しています。日本は市場（イチバ）や仲卸の調整機能があるからこそ、全国津々浦々に、いつでも生鮮野菜が届けられるのです。

✚ 市場原理が生産者を苦しめる

しかし、生産する農家からすると、この仕組みは手放しで喜べないところがあります。小売や仲卸、市場（イチバ）はそれぞれ独立した経営をしています。それぞれが経営体として最大の利益を追求するのは当然のことです。そのためそれぞれの利益が相反し、そのしわ寄せが価格決定権のない生産現場に来ることが多いのです。

小売りは、ある小売りが始めた「価格破壊」の流れの中で、どこよりも安くお客様に提供するように努力してきました。幸い、私たちはその流れに乗らない小売りやお客様に支えられ、今日まで農業を続けることができましたが、一般的には小売りがどこよりも安く仕入れようとする流れはこれからも変わらないと思います。独立した経営体として、できるだけ安く仕入れるのは当然の行為です。仕入れ金額を削減して販売価格を安くし、安さで顧客を増やす努力をすればするほど、仕入れ先に低価格を要求してくるのです。

小売りが低価格を中間流通に要求するとどうなるでしょうか。多くの中間流通は物量を扱うことでマージンを稼ぎ利益を出しています。つまり、物量が減ることは粗利益額が減ることになるので、中間流通にとって一番経営に響くのです。乱暴な言い方ですが、中間流通にとっては物量が減らずに粗利を確保できれば、単価の変化はたいした問題ではないのです。だから、物量が減るのを恐れ、小売りの要求をそのままのみ込むことが多くなります。そして、その要求をそのまま市場（イチバ）を通じて価格決定権のない生産者に求めてくることになるのです。

そうなったとき生産者はどうでしょうか。野菜が不足している時代なら生産物の引き合いは多く、生産者に有利な価格になるでしょう。しかし、輸入も含め飽和状態になっている現在、市場（イチバ）では生産者が再生産できる水準の価格にはなりづらくなっています。野菜は播種をして出荷時期になったら、そのときの価格がどうであろうと収穫しなければなりません。結局、生産原価とは関係なく、買手側都合の価格になっていくのです。

✚ 自分で1年中届けられる仕組みを持ってみよう

夏だけとか冬だけという季節限定の産地の生産物は、ＪＡや産地業者、市場（イチバ）や仲卸などの調整機能を経て需要者に渡ることになります。その過程では、それぞれの業者の利益確保の力学が働いて価格が決まるため、生産者や産地に高い技術力や生産力があるか、産地が強いブランド力を持たない限りそれに対抗することはできません。

私も野菜くらぶを創業する前は、この市場（イチバ）流通の仕組みの中にどっぷり浸かっていました。円が高くなって輸入農産物が増え、世の中に野菜が過剰になってきて、経営が成り立たなくなったといっても過言ではありませんでした。しかし、野菜くらぶを創業して、群馬県でできない時期は、青森県や静岡県などの仲間が同じコンセプトの野菜を生産し、需要者に直接届けられる仕組みを少しずつつくり、**生産者レベルで野菜を年間供給できるようにしたことで、購入するお客様も安定した仕入れができる**ようになり、私たちも**安定した販売と生産ができる**ようになりました。

この仕組みができてからは、各々の農業者は農業生産をしっかりすることに専念すれば、農業経営が成り立つようになってきたのです。お客様を意識しながらも、日常の販売業務に時間をとられることがなくなりました。農業の基本であるよい農産物づくりに専念することで、所得を上げられるようになったのです。

3 技術の習得に時間がかかるという弱み

農業は、通常1年で1回の経験しかできません（もちろん、作物によっては違いますが）。私は20歳から農業をしていますので、51歳になった今年で、やっと31回農業を経験したことになります。他産業で言えば、まだペイペイの年齢なのです。

＋農家技術は簡単には身につかない

そのため、農業技術は長年経験した個人的な資質に由来するところが多く、それを新しい人に継承するには、その人の考え方や、突き詰めれば生活習慣までも理解しなければいけない場合もあります。私たちは農家生まれ以外の人たちを研修で受け入れ独立させていますが、やはり、小さいときから農業を目の前で見てきた人と、そうでない人とでは、違いを感じることがあります。

農家生まれの人は、幼いときから農業や農村、そして農作業を目の前で見ているため、知らず知らずのうちに、農業をしていく上での基礎的な言葉や畑の感覚などを身につけているのです。農家生まれでない人は、この感覚を身につけるまでに時間がかかります。

しかし一方では、農家に生まれてない人が成功する例もたくさん出てきているので、資質があれば、誰でもできる仕事になってきています。

では、なぜ、そのように農家生まれでない人が短期間に技術を習得することができるのでしょうか？　それは、**組織の中に技術を共有する仕組みができている**からです。会社の例で言うと、社風に社員が染まっていく様子と同じと言えます。その組織の中にいるだけで、うまくいく考え方や栽培方法が自然に身についていくのです。

✚ 現場では細かすぎる計画は使えない

技術習得に時間がかかるのは、農業の難しいところでもあります。現在はパソコンを利用して畑を管理する方法が研究されていますが、使いこなせているところはまだ少ないと感じています。

技術を早く身につけるには、書物やデータや論文などから知識を得ることはとても大切ですが、現場で起きている現象はさまざまな要因が複雑に絡み合って発生していることが多く、1

つの数値だけを見ていては読み取れないことがあります。現場で起きていることにスピードを持って対応する能力を身につけるには、**同じ作物を複数の人が見て、それぞれの意見を出し合い、最終的に経営者がそれらの意見を基に決断する**という経験を積み重ねていくことが一番の近道だと感じます。

1つの例ですが、ある青年がコマツナを担当していたときでした。計画を立てる段階で論文や過去のデータを見て、播種をしてからの積算温度や雨量などを分析し、それを基に詳細に計画を立てていたのです。

その計画はすごく緻密で感心しました。しかし栽培が始まり、時間的な制約がある日常の中で、その緻密な計画や考え方が機能しなくなったのです。その結果、出荷できずに鋤き込んでしまったり、逆に出荷数量が不足したりしてロスが多くなりました。

計画時のように、物事が動かずに静止している中で立案するときは、データを詳細に分析した計画が必要だと思いますが、栽培が始まり現在進行形で進み出したときの意思決定は、仲間の生の知恵や考え方を参考にして、それにその人の経験や必要な過去のデータを加味して動的に行わないと、常に変化している作物のスピードについていけないのです。

＋情報共有が時間を短縮させる

私たちのところでは、時間と費用をかけずに技術を継承していくために、定期的に作物ごとの研修会をしています。レタスでは生産者が毎週1回お昼に集まり、それぞれのレタス畑に行って、そのレタスの課題やこれからの予測を話し合います。時には、レタスを前に指導をし合ったり意見を出し合ったりするのです。

そのことによって、個人に宿っている技術を組織の中に共有できるようになります。個人は、その組織の中に入ることで、自分以外の生産者の技術や生の情報を自分のものにすることができるようになります。この研修会を定期的に行うことによって、まったくの新人がその中にいるだけで最先端の話を聞くことができ、さらに自分の畑で起きていることがどういうことなのかを知ることができるようになるのです。

この方法を毎週繰り返すことで栽培レベルも高くなりました。新人でも2～3年すると、同じレベルに近づくようになります。仮に10人の仲間でそのような信頼関係ができてくると、**一人が1年で1回しか経験できない農業が、1年×10人＝10年分という計算が成り立つようになります**。信頼関係を築くことで、一人の人が1年で10年分の経験を手に入れられるわけです。

書物や論文で勉強することはとても重要ですが、それだけでなく、文章になっていない生産者同士の生の情報はさらに重要です。そのようなことができる仲間づくりと、生産者同士の情報交換こそが、農業技術の習得時間の短縮を推し進めるのです。

4　自分で価格が決められないという弱み

農産物は、基本的に需要と供給で価格が決まります。市場（イチバ）流通という仕組みの中では、価格決定権は買う側にあります。つまり、生産コストは価格形成にはまったく関係ないのです。これがコモディティ化した農産物であればなおさらのことになります。これは農産物だけでなく、生産設備が過剰になりコモディティ化している工業製品も同じです。

＋加工をすることで、価格決定権を手に入れる

需要と供給の価格形成の中で農産物価格が高くなるのは、天災で供給が不足したとき、政情不安で物流が止まって移動できなくなったとき、農業国でない国の自国通貨が極端に安くなったときです。つまり、世の中が不安定なときに農産物の価格は高くなりますが、世の中が安定している状態では食糧も潤沢にあるわけですから、市場（イチバ）流通では農産物価格は生産者原価を割

り込む事態になるのです。そういった中で、先進国が安定的な食環境をつくるためには、価格決定において需給バランスだけでない理性的な仕組みが必要になると思っています。

価格形成の仕組みの中で、生産者自身が農産物の価格を決められないという状態は、農業が経営として成り立たない最大の弱みです。よく「農業に経営的視点が必要」と言われていますが、**自分で価格をつけることが経営的視点そのもの**なのです。

私たちは、相場で販売されていたコンニャク芋を板コンニャクやシラタキに加工して、自ら価格を決めることでこの弱みを克服しました。前著でも書きましたが、平成に入った頃、わが家の農業経営は行き詰まっていました。その大きな要因の1つが「自分で生産物の価格が決められない」ことだったのです。なんとか自分で価格を決めるために「農産物」から「商品」に変える必要があり、そのためには「加工」をしなければならなかったのでした。幸い、コンニャクは加工食品でありながら、お客様が味付けをして食べる素材なので、比較的低いハードルでスタートできたのです。

コンニャク芋のままだったら、需要と供給で決まる相場価格での販売でしたが、それを加工品にすることで製造者となって卸価格を決めることができたわけです。

✚ 素材の品質で差別化するのが一番

しかし、昨今は加工すれば、製造者が何でも価格を決められるという状況ではなくなってきました。機械化と長く続いた消費不況により、製造者の製造能力は需要を上回るようになりました。また、スーパーマーケットが行った「価格破壊」から、ディスカウンターと呼ばれるお店がたくさんできて、特徴のない商品は価格競争に巻き込まれるようになりました。今、流行の六次産業化だけでは製造者が自分で価格を決めても、それで売れるとは限らない状況になったのです。ほかにないものをつくり出すことでしか、独自の価格設定ができない時代になりました。

そういう中で、**ほかと違う商品特徴をつくりやすいのが生産や栽培の段階**なのです。北海道の十勝地方に、しんむら牧場という牧場があります。この牧場は、自社で搾乳した牛乳を低温殺菌牛乳やミルクジャム、焼き菓子などさまざまな商品に加工して全国に向けて販売していま す。牧場内にもショップがあり、そこでは牛乳をたっぷり使用したワッフルやヨーグルト、アイスクリームも楽しめるのです。

北海道という地の利を生かした方法で牛を育て、その牛から搾乳されるおいしい牛乳をもとに多様な加工品をつくり出しているのですが、元々の牛乳がよいからどれもほかと違うおいしさになっているのです。そして、経営内容のよい酪農をしています。

しんむら牧場さんの搾乳牛は90頭余りで、酪農家としては決して大きくありません。しかしながら、その飼育方法にとても特徴があります。

牛を小屋の中に1日中置いておくのではなく、70ヘクタールの広い草地に牛を放し飼いにしているのです。牛が好きなところで休んで、好きなときに草を食べます。まさしく北海道の大地から育った草で牛乳を出しているのです。多少の濃厚飼料は与えますが、常に20センチくらいに伸びた栄養価の高い生の牧草を牛たちが食べられる環境にしています。

効率を追求した一般の牧場の年間乳量に比べると2割くらい落ちますが、外部からの購入飼料が少なく飼育場もいらず、堆肥の処理も必要ない飼育をしているため、時間的余裕ができたことで牛の健康管理に目が行き届いているのです。

しんむら牧場さんの一番の特徴は、そのように育てた牛から生まれた牛乳のおいしさです。その牛乳はほんのり甘く、口の中に香ばしい香りが広がり、「牛乳って、こんなにおいしかったんだ」と改めて気づかせてくれます。当然、この牛乳を原料にしてつくられるミルクジャムやワッフル、飲むヨーグルトなどの商品は、他社を寄せつけないおいしさになるわけです。

社長の新村浩隆さんも指摘しています。

「原料が悪いのに、六次産業化したっていいわけがないです」

おいしい食品を製造するには、まずおいしい農産物を生産することが第一で、次に確かな製造方法で加工することです。これこそが、他社の追従を許さないおいしさになるのです。つまり、**原料である農産物がよくなければその先いくら加工してもおいしくならない**、という新村さんの話に同感しました。

このように、ほかにない特徴をつくり出すことで、価格競争をしない環境ができるのです。そして、それをつくり出せるチャンスは農業生産の現場に多くあります。単純に加工するだけでは、自分たちで価格形成することができませんが、ほかにマネのできない生産方法や加工方法を組み合わせることで、新たな価値をお客様が認めてくれるようになり、販売が伸びていくのです。

5 お金がないという弱み

私が何かを始めるときに十分な資金があったことは一度もありませんでした。コンニャクの加工を始めたときには、経営的にも厳しい状況でしたので、加工機械を購入する資金はまったくありませんでした。自分で加工して自分で価格を決めて販売したいと考えましたが、そのコンニャクを加工する機械自体が購入できなかったのです。

✚ 苦労したことは金銭以上の価値を生む

広島の友人のところに、コンニャク加工について教わりに行きました。そこで創業当時の話を聞き、帰ってきてから自分の母親が家庭用のミキサーと鍋でコンニャクをつくっているのを見て、それと同じように手作業でコンニャクづくりを始めようと思ったのです。ヤマダ電機で家庭用のミキサーを5台購入し、漬物用の90リッターの樽と母親が嫁いだときに持ってきた大釜でコンニャクをつくり始めました。工場でつくるコンニャクとは違う、不揃いの手づくりコンニャクになりましたが、それが口コミになって販売先が増えていきました。お金がないことで、ほかにないコンニャクしかつくれなかったことが幸いしたわけです。

もしあのときに中途半端にお金があったら、中途半端な機械を購入して、特徴あるコンニャクはできなかったと今でも思います。お金がなかったので、手元にある家庭用の機械を使うしかなく、それが最初の固定費を抑えることになりました。その結果、目の前のコンニャクが換金されると次の投資が早くできたのです。

また、真空冷却器の開発もそうでした。沖縄に送ったレタスが腐ってしまい、どうしても真空冷却器が必要になりました。今後展開していくためには絶対に必要な設備でしたが、メーカー品は高価で購入することはできませんでした。

気圧を下げると水の沸点が下がり、低温下でも水が気化して、その気化熱で野菜が冷えるという仕組みはわかっていました。そのことを行うだけなのに、どうしてそんなに高額なのか納得できなかったのです。というよりも、資金がなくて、そう思わなければならない状況だったのでしょう。「自分で開発するしかない！」と決め、仲間の鉄工所や機械メーカーにお願いして、部品からつくって組み立てました。そうしてメーカー品の4分の1くらいの値段で導入することができたのです。

このことには、思わぬ副次的な効果がありました。その開発秘話がお客様の共感を呼んだのです。お金があって設備を導入していたら、お客様の共感は得られなかったと思います。苦しみながら開発したことで、単純にお金を出した以上の価値を生み出してくれたのです。

私は**お金がないということは、できない理由にはならない**と思っています。本当にやらなければならないことであり、お客様のためになり社会的にも有意義なことであれば、**必ず知恵が出てきて応援者が現れる**と思っています。逆に、お金が潤沢にあるときには自分の欲に走り、余計なところにお金を使ってしまい、それが固定費を上げてしまうことになるのです。そうなると、あとで厳しくなっていくように思います。

6 人がいないという弱み

独立したばかりの頃は、なかなか人が集まりません。しかし、そのようなときでも、なぜか集まってくる人がいるのです。前著にも書いたように、そのようなときにこそ、経営者の志や思いに共鳴する人が採用できるのです。大きな組織になっていないときほど、将来の夢を共に考えられる人を惹きつけます。

＋条件がよくないときほど、いい人財を採用できる

独立したばかりの人が、

「まだ経営も小さいし、まともな待遇や福利厚生の準備ができていないから、人なんて来ませんよ」

と嘆くことがあります。そのようなとき、私はいつもこう言っています。

「何もないから、志に惚れて人が集まりやすいんだよ。待遇がよくなってくると、待遇に釣ら

れて応募してくる人もいる。そのような人の中から、汗水流して、一緒に将来をつくっていく人を探すのはとても難しい。**待遇がよくないと、待遇を条件にする人はまず来ないから、よい人を選ぶチャンスが増える。**待遇はよくない、でも将来の夢と希望はあるという状態で飛び込んでくる人を採用できるのは、規模が小さなときだよ。その人は必ず将来の宝。まさしく人財だよ」

私たちのところで、今、中心になっている人たちのほとんどが、まだ待遇などの条件がなにも整ってないときに入社した人たちです。条件が整ってない中、入社する人たちが一番大切にしているのが、**経営者の志や思い**なのだと思います。志や思いを具体的な形にしていく力があれば、人を呼び込むことはできるのです。

7 弱みを乗り越えると、それが自分の武器になる

先にも書きましたが、「弱み」とは一般的にネガティブなイメージがあります。しかし、SWOT分析で「自社の弱み」と市場や外部環境の「伸びる市場」あるいは「機会」を掛け合わ

せると、そこに自社の成長市場があると見ることもできます。そして、重要なのは、その弱みが自社だけの弱みなのか、それとも業界としての弱みなのか、それともまだやった人がいないだけなのかを見極めることだと思います。

✚撤退したほうがいい弱み、改善したほうがいい弱み

自社だけの弱みなら、撤退する決断が必要になります。

私が家族経営から法人経営に変えて間もない頃、栽培する作物を大きく変えました。それまで大根を無農薬栽培していましたが、私たちの土壌には軽石という火山礫が多くあり、味の評価はとても高かったものの、大根の表面に石のあとがついて見た目に難がありました。そのため、土付きの状態では評価をされましたが、洗うと評価が下がってしまうのです。

土質という変えられない条件の中で、そのときに大きな売上を占めていた大根をやめるという決断には勇気が必要でしたが、土質や畑の条件と土付きから洗い大根へのお客様の要望の変化などを考えたときに、続けることのほうがリスクが高かったのです。そうして、2年かけて有機コマツナの栽培に転換したわけです。

一方、業界の弱みでしたら、その弱みを克服する工夫があれば、業界に新しい分野を切り開くことができます。**最後尾からついて行っているような状態でも、その取り組みがフロントラ**

ンナーになっていく可能性があるのです。

私たちのところの例で言えば、有機コンニャクがそれにあたると思います。私たちはコンニャク加工では業界でも最後発です。一番遅い創業ではないでしょうか。しかし、ＪＡＳ規格の有機コンニャク芋の生産では、平成25年現在、日本の約8割、世界の約2割を私たちの農場と仲間の農場で生産しています。有機コンニャク製品については、私の農場で日本の約4割、世界の約3分の1を生産しています。この有機コンニャクの分野だけ見たら、私たちはトップランナーといっても過言ではないと思います。

✚ 時間がかかることに、将来の武器がある

まだやった人がいないという弱みならチャレンジすべきです。現在は経営にスピードが求められています。確かにその通りですが、スピードある意思決定と、10年かかることを5年に短縮する経営とでは、スピード経営でもその中身が違います。

「桃栗3年、柿8年、ゆずは18年」と言われますが、1つのものを完成させるのに時間がかかるものは、誰がやっても時間がかかります。今はお金で時間を買う（企業の買収など）時代になっているものの、お金のない私たちにそのようなことはできません。**お金のない私たちが、大企業や大資本と対等に渡り合うことができるのは時間**なのです。

人がやってないことの多くは時間がかかるからやらないのです。その時間の中に、私たちの力を出せる宝物が隠されています。

私たちのところで「独立支援プログラム」を平成13年から行っていますが、この仕組みづくりと人の育成に13年かけてきました。13年かけないと得られない人や信用、農業者を育てていく組織づくり、成功や失敗などのノウハウは、かけがえのない財産になっています。大きな資本を出しても今日明日でできることではありません。

自分たちが弱みだと思っていることが実はみんなの悩みであり、誰も解決できていない場合が多いのです。農業者一人ひとりが現場で感じた「弱み」を克服していくことで、未来は開けていくのです。

第7章

個人と組織の融合が、新たな強みを生み出す

1 組織の中で自分を活かすことが成功への早道

農業を行うのに個人の自立心や責任感はとても重要ですが、一人では農業を完結することができないことも知る必要があります。すべての職業が人との関係性で成り立っているのと同じように、農業も組織の中にいるからこそ自分を活かすことができるのです。

✚ 組織の中で自分の能力を高める

「農業で独立」と言うと、「組織に属さずに一人で行うこと」だと勘違いしている人が多いようです。しかし、組織に何らかの形で関係しないまま、生産や加工、販売をすべて一人で行うのは困難です。よほどの資産を持って農業を始めるのであれば、莫大な資金を使って最初から自分の組織をつくって農業をすることはできるでしょうが、それができるほど資金が余っている人はまずいません。仮に大企業のようにできたとしても、そのような姿勢では資金を無駄に浪費してしまい、経営を継続させられなくなります。

組織をつくる資金もない、作物を育てる技術もない、販売先や物流もないという人が農業を始める場合、既存の組織の中で自分を活かすことが成功への一番の早道です。高校野球のスタープレーヤーがプロ野球12球団に入りたいと、ドラフト会議の行方に固唾を飲んで見入る姿は誰もが知っていますが、そのスタープレーヤーが自分で球団をつくろうという姿を見たことがあるでしょうか。球児たちは球団に所属してそこでがんばることで、自分の未来が拓けることをよく知っているのです。

では、農業の場合、そのような受け皿があるのかと問われると、答えに迷うこともありますが、各地に受け入れ体制を整えている農業法人やＪＡなどが確実に増えてきています。どこを選ぶかでその人の将来が決まりますが、いろいろなところで多くの成功例が出ています。

＋手法やノウハウだけでなく、信用も得られる

手前味噌になりますが、私たちのところで独立した人たちに対して、お客様から次のような承認の言葉と将来への戒めをいただくことがあります。

「野菜くらぶを独立する場として選んだことは、半分成功したのと同じだよ。あとの半分は努力だけれど、それでうまくいったからと言って、自分の力を過信してはいけないよ！」

私たちのところで研修後に独立したり、新しく農業を始めた人や法人は、平成26年現在で13

名（13の営業態）います。その中で1億円以上売り上げている法人が3社、4000万円以上が2社、2000万以上が3社、1000万以上の売上の人が二人、そのほかは今年から生産が始まるまだ1年目の人です。また、家を購入した人が3人、畑を購入した人が一人います。この研修プログラムで出会って結婚した人3人を含めて、既婚者は11人います。

中には、研修の途中でやめた人や経営的に厳しい人もいますが、独立してからの脱落者はまだいません。

なぜ、まったく農業をしたことのない人が、独立してここまでの成果を出せるのでしょうか。もちろん手法やノウハウもありますが、それだけでなく、**組織と個人がよい関係を構築しているから**だと思います。

まず、新規就農者は野菜くらぶという組織の中で、経営的に成功している農家から学ぶことができます。生の技術を身につけることができるのです。さらに土地を借りることや資金を借りることなど、独立する人に不足する信用を組織の信用力によって担保しています。この信用を担保することは、意外に見落とされがちですが、とても大切なことなのです。

2 最優先で販売する組織づくりが新規就農者を育てる

私たちのところでは、独立して3年目までの人が生産した野菜を最優先で販売しています。だから、独立する人は販売のことを考えず、よい野菜を生産することに専念できます。よいものをつくれば換金できる組織の仕組みがあるのです。

✚ 独立者のものを優先して売る

独立して資金が回れば経営が成り立ち、農業でしっかり生計を立てていくことができるようになります。スタートするときに、私たちの信用を借りて経営を始めても、**よい野菜をつくって生計が立てられるようになると、徐々に周りから信用されるようになります。**それが本当の意味での独り立ちになるのです。

このようなことは文章上で書くのは簡単ですが、それに関わる生産者が成熟していないとできないことだと思います。たとえば、独立した人の野菜を最優先で販売するというのは、実際の現場では非常に難しいことだからです。

野菜が余るのは豊作のときで、誰でもたくさん収穫できる状況にあります。そういったときには野菜の流通や加工歩留まりもよく、契約栽培でも注文数は減ります。つまり、畑に野菜はいっぱいあるけれど注文が少なく、最悪、鋤き込んでしまうという状況になるのです。ですから、独立した人の野菜を最優先で出荷することは、時には既存農家の収入がその分減ることにもつながるわけです。

当然、既存農家の人たちからすれば、新しく独立する人が増えるほど、豊作時に出荷量が減って売上が下がる可能性がありますから面白いわけがありません。理屈ではない難しさがあるのです。だからこそ、生産者一人ひとりが長期的視点に立って、一時的に収入が減っても独立する人たちを応援することで、自分たちの農業が安定して将来の展望が開けると理解することが絶対に必要なのです。

私たち野菜くらぶは、生産者一人ひとりがそのことを深く理解し新規就農者を応援しているので、独立する人の成功率が高いのだと思っています。組織が一人ひとりを大切に育てるという考え方と、そうして育った一人ひとりが組織に対するロイヤルティー（忠誠心）を持つことがとても重要なのです。

3 決断するときは正しい独裁が必要

民主的な意思決定はとても公平で平等です。立法などの政治では、選挙や投票によって決める方法が民主的で一番よいと思います。しかし、新しい価値を生み出す会社経営において多数決でリーダーや重要な方針を決めていたら、経営のスピードが遅くなってしまいます。それでは、今までにない新しい方針や価値をつくることができず、いずれ組織がダメになっていくでしょう。

✚新しいことは、誰もが理解してくれるわけではない

新しい仕組みや価値には形がありません。形のないものを多くの人に説明するには、抽象的な表現をするしかありません。どんなにすばらしいプレゼンを聞いても、受け手の能力によって個々に想像することが違ってきます。そのため、新しいことについての判断は、聞き手によって違ってくるのです。

しかし、新しいことに対して反対意見は非常に具体的に出てきます。「過去に例がないから」「失敗したときのリスクが大きいから」「人員的に難しいから」「資金がないから」など、反対意見は説得力があり、かつ具体的なのです。

ですから、**多数決で決めると、そのアイデアが斬新であればあるほど、そのことが世の中になければないほど、否決される可能性が高くなります**。一人の会員が1票を持つ組合組織を見ると、設立当初は新しいことにアクティブに取り組むことができても、組織が大きくなって人数が増えてくると政治的な力学が生まれ、多数決の原理によって新しいことができなくなってしまうのです。

私自身何かを行おうとしたときに、関係者に相談したり必要な意見を聞くことはあります。しかし、多数決では決めず私の責任において決めています。

✚ 再生可能エネルギーを始めるときも、周囲は反対だらけ

平成23年3月11日、東日本大震災と原発事故で、私たちの経営は大きなダメージを受けました。野菜が出荷停止になり、一時は売上が半分に落ちました。また、加工品に関してもさまざまな混乱の中で、売上を大きく落とすことになりました。グリンリーフは東電からの補償金で利益をなんとか確保するという苦しい状況が3年間続きました。

ちょうど原発事故当時、私はある生協の生産者・消費者協議会の役員をしていました。その会議ではエネルギーについて閉塞感が蔓延した出口のない話し合いが続きました。お客様が原発事故に対して嫌悪感を抱きながらも、エネルギーがなければ生活もできないという自己矛盾を感じる中で、何か生産者として具体的な行動を起こし、この雰囲気を打破できないかと考えました。

そこで、自然エネルギーへのシフトを模索し始めたのです。私は平成15年から太陽光発電を自前で行っていて、自然エネルギーへの関心が元々高かったこともあり、原発事故を境に本腰を入れて取り組むことにしました。私たちのグループで使用しているエネルギーのすべてを自然エネルギーでまかなうことを目標にしました。

再生可能エネルギーの議論が政府でも始まり、産業用発電の固定価格買い取り制度が検討されました。そのことを知っていろいろ調べ、翌年春先に固定買い取り価格が決まった時点で、２６５キロワットの太陽光発電を行うことを決めました。そして、そのすぐあとに大規模太陽光発電所を設置することを決め、土地の手当てや設計に入っていきました。現在、私たちは数カ所の発電設備を持つことができています。

その後、再生可能エネルギーに誰もが取り組むようになってきましたが、平成23〜24年当時は、まだ誰もが模様眺めでした。私が相談した人の多くは、それを行うことに反対していました。

「本業以外にそのような多額のお金を使うのは邪道だ」

「政府がそんなことを20年も保証するわけがない。途中で買い取り価格を下げられる」

「採算が合うわけがない」

「大企業がやることで、中小企業がやれるわけがない」

「そんなにお金を借りて返せるのか」

「危ないからやめたほうがいい」

そして銀行からも反対されました。

「そのように多額の資金は融資できません！」

✚ 反対意見を聞きつつも、最後は社長の独断が必要

私は、それらの意見に対して1つずつ数字を用意し、できる可能性とリスクを検証しました。平成15年に20キロワットの太陽光発電の設備を設置していたので、そのデータから、どれだけの発電がこの地域で過去にできたかを調べてグラフにし、それを基にメーカーの選定をしていきました。業者からの怪しい話やうまい話もたくさんありましたが、私には約10年間の実績があったので、そうした話を冷静に聞くことができたのです。

シミュレーションをつくって銀行に見せたところ、それまで渋かった銀行が「積極的に応援する」という方向に変わりました。それがちょうど固定価格買い取り制度が検討されている平成23年12月頃の話でした。さらに翌年7月1日から運転を開始した群馬県榛東村のソフトバンクの発電所のデータを毎日記録し、気象庁の過去の日照時間と照らし合わせて、予想発電量と実績値をシミュレーションしました。そうして反対意見に潜むリスクを具体的になくしていったのです。

しかし、反対意見の中でも「本業以外に……」という意見は、経営者としての姿勢に関することなので悩みました。私も本業以外に手を出すのはいいことだとは思わないので、心の中に吹っ切れないものがありました。

そこで、私は戦前の農村や豪農と言われた農家、さらには二宮尊徳について調べ、再生可能エネルギーへの取り組みが進んでいるヨーロッパへの視察に参加しました。そこで確信したのが、農業生産とエネルギー生産は切っても切れない関係であることでした。日本でも昭和20年代までは、薪や炭として田舎から都会にエネルギーを供給していました。それをしていたのが農家だったことを知り、心の中でブレーキになっていたものがなくなったのです。また、ヨーロッパで農業者が再生可能エネルギーに取り組んでいる現場を見て勇気づけられました。

平成26年3月時の再生可能エネルギーへの申込数は、その前年の約10倍になったと聞きます。今でこそ、再生可能エネルギーは採算が合うとわかって、多くの人が取り組んでいますが、私が決断した平成23～24年には今のように誰もが「よい」という認識を持っておらず、私の感覚では8割の人が反対でした。もし、このときに世の中の意見のまま決めていたら、私たちは太陽光発電所の設置に踏み切らなかったでしょう。**反対意見を聞きながら、そのリスクに対して具体的な数字や視察を基に解決策を見出して私は決断をしました。**

社長は、いろいろな人たちの賛成意見や反対意見（リスク）を聞くべきです。それが間違わない判断をするために必要だからです。しかし最終的には、社長が決めることが会社運営にはとても大切だと思っています。会社の方針や大事な決裁を多数決で決めるようになったら、社長の仕事を半分放棄したのと同じです。私はそういった意味で、**正しい独裁**が必要だと思っています。

4 同じ価値観を持った仲間をつくろう

組織が成立するには、3つの要素が必要です。その3つとは、①共通の目的、②協働の自発性、③コミュニケーションです。

＋組織で行動するなら、同じ価値観を持つことが大事

組織であるためには、共通の目的を持っていることがとても重要になります。農業を行う目的はそれぞれの農家でさまざまです。「生活のため」「家や自動車を買うため」「先祖代々の土地を守る」「国民の食べ物を生産する」「農業が好きだから」「お客様のため」「儲けるため」など十人いれば十人違った夢や目標があります。そういった人たちが集まって組織になるときに、共通の価値観や共感できる目的を持つことが必要になります。

何のために農業をするのかという問いに対して、「食べる人たちのため」と「家族や自己実現のため」という2つの思いは、組織で農業をしていく上で、誰もが共有しなければならないものです。それを実現していくためには、自ら「**努力**」して、自分や家族だけでなく、他人、もの、環境に対して「**愛情**」を持ち、なにがなんでも続ける「**継続力**」と、それによって築き上げていく「**信用**」を大切に思う価値観がなければなりません。

３人で野菜くらぶをスタートさせたとき、農業についていろいろ語り合いました。時には夜中まで将来の農業について議論をしました。

「お金のことはオープンにしよう」「自分たちがやっている有機農業に共感する人を仲間にし

よう」「正直な人を仲間にしよう」「組合ではなく、会社的な意思決定をしよう」ということを3人で約束したのです。これらのことは、その後、野菜くらぶの屋台骨として経営理念や方針、運営方法になっていきました。

私たちがそれまでの農業に行き詰まり、好きな農業をあきらめかけていた平成4年に、「農薬不使用」「低農薬」「化学肥料不使用」など栽培内容を重視した野菜宅配の大手、らでぃっしゅぼーやさんとの出会いがありました。らでぃっしゅぼーやさんは、ちょうど創業5年目となり、新しい生産者を探していたのです。この出会いによって、今で言う「有機栽培」や「特別栽培」を行うことで、好きな農業を続けていけるという光明を見つけることができました。

✚ 地域のつながりよりも、志のつながり

仲間の増やし方について、それまでは地域コミュニティーによる農業の組織化が中心でしたが、私たちは**自分たちの思いに賛同してくれる人たちだけを仲間にしようとしました。**

生活をしていく上で地域コミュニティーはとても大切ですが、仕事という枠組みになったときは別です。地域に住んでいるということで、多様な考え方の人を無理に組織化するのでは、特徴ある生産を進めることはできなくなると考えたのです。

信用がない駆け出しの若者がそのような生意気なことを言っていましたから、なかなか仲間

は増えませんでした。それでも1年に一人、二人と増えていき、平成27年時点では74人の仲間になりました。

振り返ってみると、数合わせで仲間を増やさなくてよかったと思います。紹介者が2名いることを入会の条件にして、一人ひとりに野菜くらぶのことを理解してもらいながら仲間を増やしていったことで、精度の高い計画生産、地域を越えた組織運営、そして地域を越えた顧客対応が可能になってきたのです。

5　農業ではピラミッド型の大企業よりも、小さな組織の連合体が強い

大企業や軍隊などの機能的組織はピラミッド型組織が一般的です。一人の人が命令をして、それに基づいて中間管理職が指示を出し、いくつもの階層を経て現場に伝わります。

✚トップダウン型の組織は農業に向かない

生産方法であれば、ベルトコンベアー方式です。一人の人が設計をするなど、考える人は考

えることだけに徹します。作業をする人は考えないで、単純に作業をするだけです。この方法は一人のリーダーが計画したことがそのまま実行されるため、リーダーの資質がそのまま組織の成果になります。

これらの生産方法は、ものが不足する時代や画一的なものを生産するとき、人件費が安いときには有効でしたが、今ではそのような仕事は労働力の安い海外へほとんど出てしまいました。国内に残ったのは、生産現場に考える力を必要とするセル型生産方式や、小さな組織単位で計数管理をする管理方法を取り入れているところです。これらは、農家が元々やっていた生産方式だったのではないかといつも思っています。

農業では現場に決裁権があり、考える力を有する小さな組織の集合体が一番生産性が高いと感じています。大きなピラミッド型の組織で農業を行ったとき、多くの企業が陥りやすいのが、トップと現場に距離があって、トップが間違った指示や間違った人事をしてしまうことです。その1つの例が、結果が出る5年を待てず3年もたたずに現場責任者を変えてしまうことです。

設立したばかりで計画通り行かないことが多い中で、トップや本社責任者には外部からさまざまな情報が入ります。「こうすればよくなる」「私たちのこの技術を導入すれば、結果が出る」「これからの農業のスタイルはこうあるべき」などという、いわばその技術や資材、考え方を売り込む営業活動が入るわけです。そうすると、農業の知識がなく現場のことを熟知していないトップは、その「いい話」に安易に乗ってしまうのです。

✚5年以上の長期間でものを見なければ成功しない

現場の意見を聞かず、売り込まれた技術を導入してしまい、「これを試せ」と現場に押しつけることになります。トップからの指示ですから現場ではそれを行いますが、期待通りの結果が出るとは限りません。

その技術を売り込むための資料やデータは売り込むためにつくられているので、現場でその通りになることがきわめて少ないのです。現場には違和感が残ります。それまで試行錯誤して積み上げてきた技術を、トップの一言で崩されてしまうわけです。当然、自分で考えることをやめてやる気を失っていきます。

もちろん、結果は出ません。そうなるとトップは次の人事に手をつけます。売り込んだ外部の人も「あの人じゃ技術的にも知識的にもふさわしくないです」と無責任なことを言うような始末です。

こうしてトップは現場の担当責任者を3年もたたずに変えてしまうわけです。

農業で**結果が出始めるのは5年以降**です。そして**10年してようやく収益が安定してくる**のに収穫前にその実を摘んでしまうのは、なんとももったいない話です。種を蒔き育て、花が咲き実がつき始めたところで、熟す前にその実をとってしまうのですから、当然、収穫するものなんてありませんし成果も出ないのです。

6 決裁できる人の数が多いほど、豊かさにつながる

以前、顧問会計士の小林徳司さんから、共産国家と民主国家の大きな違いについて問われたことがあります。私はそれがなんだかわかりませんでしたが、会計士の答えはこうでした。

「国の中に民間会社があるかないかの違いです」

民間企業の数の多さが、その国の豊かさの1つのバロメーターだというのです。

＋農業が守られていた時代は終わった

共産国家は統制経済で、国の中枢にいる数名のリーダーによって物資の生産量が決められ、その計画に沿って国営企業で働く人が言われたとおりに生産活動をするだけです。当然、そこ

には工夫も生まれず、業務改善も新商品開発も進みませんから、商品として優れたものにはなりません。

逆に、民主国家は自由経済ですから一定のルールの下、各自が自由に生産活動をすることができます。一人ひとりのアイデアやがんばりがそのまま成果になるので、競争によってさまざまな商品やサービスが開発されていきます。ですから、購入する消費者も選択肢が増えて豊かになっていくのです。

農村や農業経営についても同じことが言えると思います。養蚕や食管法に守られた時代の米などは、ある意味で統制された生産活動に近いものがありました。円と労働賃金が安かった時代は、それで農業は成り立ちました。しかし、平成27年1月現在、ドル円相場は１２０円台になっています。国際的に見ると、１ドル３６０円だった頃に比べて、何もしなくても日本の農産物の価格は３倍高くなっているのです。

為替の変化で、高嶺の花だった輸入農産物は安くなり、外貨獲得の戦略輸出商品だった生糸などの農産物は輸出が激減し、農業のあり方も変わってきました。その変化の中で個々の人がそれぞれの考え方や工夫で生産計画を立て、生産している農業が、新たな商品やサービスを生み出してきています。

以前は、隣で種を蒔いたら、うちも種を蒔くというように、人マネで成り立っていた農業経営も、今では1軒1軒の経営形態がまったく違ってきています。昔は形をマネすれば成り立ちましたが、今は同じ農業でもそれぞれが独自に考え、顧客に向けた農産物栽培や商品開発、サービス開発をしていくことでしか、経営として成り立たない時代になってきたのです。

✚ 現場ですぐに決裁できる組織が強い

フランチャイズ経営で安定した経営を続けているモスフードサービスさんでは、1軒1軒のお店に決裁できる一人の経営者がいます。ですから、いろいろな意見が出てきて、新しい取り組みが現場から生まれてきます。

平成24年春、高崎市でモスフードサービスがタウンミーティングを行いました。櫻田厚社長がモスのお客様と膝詰めで意見交換をするイベントです。そこに、フランチャイズの経営者や野菜くらぶの生産者も参加しました。ミーティングが終了したあとの懇親会で、私たちの生産者から、

「朝収穫したレタスでモスバーガーをつくったらうんめえだっぺな」

という話が出ました。

「せっかく群馬は畑とモスの店がこんなに近くにあるんだから、朝、店長が収穫に来て、そのレタスをそのまんま店に持ってってってハンバーガーをつくったらいいじゃねん」

と提案をしたのです。

するとフランチャイズの経営者とモスの櫻田社長がそれは面白いと言い出し、その年の8月と9月に群馬のモスのお店で朝取りレタスバーガーの取り組みがスタートしました。朝3時に店長が野菜くらぶの畑に来てレタスを収穫し、その日のうちにお店でハンバーガーに挟んだのです。初年度はたった2日間のイベントでしたがお客様からの評判も高く、翌年には群馬県だけでなく栃木県のフランチャイズ店も加わり3回、9日間行いました。

そして3年目には、埼玉県や新潟県のお店も加わっただけでなく、これが東北や九州、中部や東海など全国に広がっていったのです。

このようなことができたのは、1つの目的に向かって**意思決定ができる人たちが現場にたくさんいた**からだと思っています。「やることはトップが決めるから」とか「本社の意見だから」というピラミッド型で現場に考える力のない組織では生まれなかったと思っています。

農業経営にとって、大きなピラミッド型の組織はうまくいきません。管理と現場が乖離したような組織では、現場から出るアイデアや意見について迅速な意思決定はできず、十分な成果は得られません。組織の機能を大切にしながら、**決裁できる人たちを現場に増やしていくことが、新たな価値を生み出す力になり、豊かさにつながっていく**と思っています。

7 考え方しだいで組織の歯車にもなり、スタープレーヤーにもなる

高度経済成長の頃、「個人は組織の歯車」と言われていたことを覚えています。その昔チャップリンが演じた『モダン・タイムス』も、そのようなことを表現した映画でした。

しかし農業の場合、一人ひとりがスタープレーヤーとして組織の中にいなければ、生活が成り立ちません。

✚ 農業をすることはプロ野球選手に近い!?

スタープレーヤーとはどういう人でしょうか？　それは、**自分自身の技術や能力習得に興味を持ち、常にその技術を向上させ、自分の守備範囲をしっかり持ちながら、ほかの人たちの仕事も尊重していける人**です。そして、**ほかの人と連携しWIN‐WINの関係を構築できる人**です。

わかりやすい例は、プロ野球だと思います。それぞれの守備や役割について個人の能力を高

めながらも、チームとして勝っていく能力を持つ人がスタープレーヤーです。

数年前、野菜くらぶに都丸悟君という青年が入りました。彼は高校球児で、群馬県大会優勝を経験し、大学野球でも中央大学で活躍した人物です。彼の結婚式にはプロ選手も来ていたくらいですから、本当にすばらしい能力の持ち主だと思っています。

そして驚くことに彼の農業のやり方は、野球で得た知識と能力が１００％活かされているのです。

彼は主にレタスを生産しています。レタスの生産に関して貪欲にいろいろな人から学んでいます。必ず部会に出席して先輩経営者の話を聞き、メモを取って実際に畑を見て回ります。まるで素振りを毎日欠かさず行うように、自身の技術を高めることに専念しています。

そうしながら、組織のイベントである収穫祭のときには、みんなが協力できる体制づくりを構築する能力も持ち合わせています。自分だけでなくみんなが効率よく動くことで、みんなで結果をつくり出す能力を、野球というチームプレーの中で身につけてきたのだと思います。彼の働き方は組織の歯車には見えません。彼は農業プレーヤーとして主体的に働いているのです。ですから、周りから信頼を集め、期待されるようになります。彼の周りには、小さな家族＋αの生産組織ができてくるのです。

都丸君は、毎年成果を伸ばしているだけではありません。それを見ていた彼の弟まで、一部上場企業を辞めて農業の世界に入ってきたくらい多くの人を惹きつけます。一番身近な身内の人が農業はよいと評価するほど輝いているのです。

今まで組織に所属することをイヤだと思っていた人が、農業をやってうまくいっている例に出会ったことがありません。組織の中で主体的に働くことができるのか？ 組織の歯車になるのか？ それはその人の考え方と取り組み姿勢しだいです。そして、このことは農業に限らず、すべての働き方に共通して言えることです。

高度経済成長を体験してきた人たちが仕事の一線から退職していき、日本の円が昔から見ると強くなり、働き方も大きく変わってきています。これから主体的に働ける人が多く出てくることが、農業の世界はもちろんのこと、それ以外の世界でも待たれているのです。

8 仕組みづくりと作物づくりの両方が大事

農業はよい作物を生産することが基本です。しかし、いくらよい作物を生産しても、それを換金化する仕組みができていなければ、経営を続けることはできません。組織の仕組みと個人の生産技術の両方が大切です。技術的なことはそれぞれの作物によって大きく変わるので割愛し、売れる仕組みづくりについて書きたいと思います。

ハード面よりもソフト面が大事

売れる仕組みをつくらず、目の前の農産物を売ることに翻弄されていては、価格競争に引き込まれる可能性が高くなります。なぜなら、特徴のないものは需要と供給で価格が決まるので、供給過多の状態では生産原価を割り込む価格になるからです。モノだけでなく、届け方や安定性、利便性、栽培方法などの優位性を構築していくことが大切なのです。

その仕組みは一人ではできません。必ず役割分担があり、その人たちが1つの目標に向かったとき、初めてその仕組みが生まれてくるのです。

売れる仕組みづくりには設備などのハード面と人的なソフト面の両方が必要ですが、どちらかというと**人的なソフト面のほうが重要**になります。たとえば、クレーム処理ができる仕組みがあるかどうか、人を育てる仕組みがあるかどうか、同じ目的を遂行する仕組みがあるかどうか、顧客の要望をかなえるための仕組み（事業開発、商品開発、サービス開発）があるかどうか、業務改善をする仕組みがあるかどうか――そういった基本的なことができるかどうかがまず一番に求められます。

＋時間がかかっても、今の顧客の課題解決が最優先

ありがたいことに、私たちはお客様からお声掛けをいただくことが多いので、売り込む営業というよりも、お客様との打ち合わせが中心になっています。その根底には、私たちの基本的な考え方があります。それは、**今、目の前のお客様が抱えている課題の解決を最優先に営業をしていく**ということです。

新しいお客様を増やすことはとても大切ですが、だからといって、今のお客様が抱えている課題を解決しないで新しいお客様を増やしていたら、課題が増えるだけになってしまいます。**目の前のお客様に真剣に対応していると、「あの会社はいいよ」と、お客様が周りに話してくださり、販売先が自然に増えていく**ことになります。

ただし、この営業方法は飛躍的に売上を伸ばすことはできません。ですから、野菜くらぶは創業から約20年たっても、売上がやっと19億円になったにすぎません。グリンリーフについても、加工を始めて25年でやっと7億円になりました。農業の生産現場に距離を置いて、新規顧客をどんどん取るスタイルであれば、売上はもっと伸びたでしょう。しかし、私たちは新しい顧客をどんどん増やすよりも、今の顧客が抱えている課題の解決に、農業生産という立ち位置で取り組んできました。当然、時間もかかりますが、今後もこのスタイルを変えずにいきたい

と思います。

✚誰もやらない野菜の年間生産と安定供給という試み

たとえば、レタスの周年生産（年間を通じての生産）と安定供給を例に挙げることができます。まだ完璧とはいえませんが、１年間通して野菜栽培を行い、それを届ける仕組みづくりができてきました。そうなるまでに12年間かかりました。

最初、農業者が１年間同じ野菜を生産して届けるということに対して、価値を見出してくれる人はいませんでした。

それを１年を通じてレタスを栽培するようにしたのです。これによって、安定してレタスが欲しい顧客にさらに近づけるようになりました。また、多品目供給を求められる中で、さまざまな野菜を生産する仲間を増やすことで、生産面では１軒の農家が多品目を生産する必要がなく、得意な数品目だけを大きな面積で生産できるようになり、生産者として生産性を向上させながらお客様の要望に一歩近づくことができました。

この仕組みはまだまだ途中段階で、今後さらに充実し成長していくと確信しています。それを進めるためにも、参加する農業者育成とお客様の理解がとても大切になります。そして、その進捗スピードが売上の成長スピードになるのです。

世の中にあるものを刈り取る狩猟型農業ではなく、農業者も顧客も育てて実ったものを収穫する農耕型農業のスタイルなのです。

✚なぜヨーロッパにシラタキを輸出できたのか？

現在、私たちの農場では、有機シラタキを海外に輸出しています。ＥＵの有機認証制度と日本の有機認証制度の同等性が認められ、日本の有機認証を取得すると、ＥＵでも有機商品として売れるようになったのがきっかけです。ＥＵでダイエット食品としてシラタキが紹介されたことも追い風になりました。

私たちのところではＪＡＳ規格の有機コンニャク芋の栽培を行い、とくに有機コンニャク製品の加工では世界の約36％のシェアを占めています。そのほかにＩＳＯ２２０００を取得したこともプラスに働きました。その後、平成27年にはＦＳＳＣ２２０００を取得してさらに可能性が広がっています。

そのようなこともあって、専門商社から輸出の話をいただくことができました。ちょうど震災のあと、いろいろ混乱していた時期でした。

実際に輸出が始まると、さまざまな問題が起こりました。国内では絶対に起きないような問題がいくつも出たのです。時には「会社をつぶすことになるかも」というような深刻な問題もありました。海外に出向いて直接話をして理解してもらいながら、その課題を解決してきました。そうする中で、ノウハウが蓄積されお客様との信頼感も生まれ、新しい商談をいただけるようになってきたのです。**課題を解決することでお客様が広がっていく**のだと改めて実感できました。

有機認証制度について批判的な方もいますが、政府が管理している食品の認証制度で、唯一欧米各国と同等性を持っている制度です。海外から有機食品がたくさん入ってくるという懸念もありますが、それ以上に日本で有機農業をしている人たちにとって、販売が広がるチャンスだと思っています。

✚ 売れる仕組みは先行して準備するのがコツ

売れる仕組みづくりには、外部環境の変化を受け止められる体制であるかどうかがとても大切です。

シラタキの輸出についても、有機認証の取得やＩＳＯ２２０００の取得をしていなかったら、この話はありませんでした。そうした流れに対応できていたからこそ、新たに売れる仕組みをつくれたわけです。また、海外視察の中で、ドイツで全食品の14％が有機食品になっているのに対して、日本はまだ０・２％でそのギャップが大きいことを知っていたのも、意思決定を促す要因になりました。

売れる仕組みとは、誰かのものまねではできません。外部環境が揃ってからつくるのでは間に合いません。**まだ条件が揃う前に、自分自身が準備をしていかないと、そのチャンスを手に入れることはできない**のです。それは常に今から始められることで、誰にでもチャンスがあるのです。

逆に、商品化しても常に改善をしていかなければ、今売れている仕組みでも陳腐化していき、売れなくなってしまいます。これらのことは誰にでも公平に与えられているのです。

9 なぜ農家の息子は簡単に農業ができるのか？

農家出身の人がなんの問題もなく農業を行うことができるのは、機械設備や畑があることはもちろんですが、そういった目に見えるハード面の資産よりも、両親やその家（会社ともいえるでしょう）が長年培ってきた地域や関係者との信用があり、そのもとで農業を始められるからです。

✚ まず信用をつくるのが大切

しかし、新規就農者には、畑などのハード面がないのはもちろんのこと、とても大切なこの信用がありません。だから、農業を始めるときに難しい問題にぶち当たるのです。新規就農者の中でも、その地域に地縁や血縁がある場合には、比較的容易に農業を始められることを見ると、**起業には信用がとても大切だ**ということが理解できます。

農家出身でない人が農業を始めるときには、まずその信用を得なければいけません。これは農業という職業が特別なのではありません。自分で事業を興そうとしたとき、信用がなければ興すことができないのはどの業種でも同じです。現在、農業には行政のバックアップがあり、参入のハードルは低くなっていますが、起業するにはこの信用を培うことが絶対条件になります。

血縁や地縁のない人が信用を得るには、誰かの保証が必要になります。私たちが青森県で農業を始めたときには、地元で有機農業をしていた故人の原田敬司さんが私たちを応援してくれました。原田さんは地域で高い信用力があり、原田さんからの紹介で黒石市長の鳴海広道さんや地域の大勢の人たちを紹介していただき、地域に受け入れてもらうことができたのです。

静岡県では菊川市でバラ農場を経営していた故人の杉山国夫さんや私の女房の親戚の方がい

ろいろな人を紹介してくれました。農業をしている私たちですら、その地域に行けば信用はまったくないよそ者でしかありません。誰かの信用を借りて、その地域の人に信用をされなければ、農業を始めることができませんでした。

✚ 人的な信用を築けば、支援する人がついてくる

では、新規就農者に必要な信用とは何でしょうか？

1つ目は**人的な信用**です。2つ目は**金銭的な信用**です。

人的な信用はその人の過去が証明します。その人がどのような家庭でどのように育ち、中学・高校・大学でどのようなことを学び、どのようなことに一所懸命に取り組んできたのかが、その人の信用になります。社会人であれば、その後どのような仕事をしているのか、またその仕事に対してどのような思いや考え方を持っているのかが、そのまま信用になるのです。

金銭的な信用とは、十分な貯蓄ができているかということです。貯蓄は起業する上でとても重要視されます。学生ならまだしも、社会人になって起業しようとする人が一文なしでは、とてもやっていけません。そもそも自制してお金を貯めるという習慣がないわけですから、その時点で信用されることはありません。

今、就職試験の際に、その人の過去や思想、宗教、家族について聞くことは法律違反になり

ます。しかし、これから起業したいという人がそのようなことを言っていては、最初の信用を得ることはできず、起業することは不可能だと思います。

そして、研修や就職したあとで信用を培っていくには、選んだ研修先あるいは仕事先で一所懸命働くしかありません。以前は、一所懸命働くというのはバカバカしいことで、賢く頭を使って簡単に稼ぐことがかっこういいという風潮がありましたが、**一所懸命働くことができなければ誰からも信用されません**。周りの人が一番見ているのは、その人が一所懸命働く姿勢です。その姿勢を持っている人は、どんな学歴を持っている人よりも貴いのです。

そして、**人的な信用がついてくると、その人を保証しようという人が出てきます**。起業するときはよほどのことがない限り、自分で貯めたお金だけでは始めることができません。そのときに、お金を借りたり出資を得たりするためには、それまでにつけてきた人的な信用がものを言います。

私たちのところでは、研修を終えて独立する人に対して半分出資をして、最初の設備資金（機械や自動車などの購入費）の連帯保証をしています。今は、制度が整備されたので野菜くらぶが会社として連帯保証をしていますが、法制度が整わない最初の頃は私個人が連帯保証をして、新規就農者がお金を借りられるようにしていました。そのことによって、地縁も血縁もない人が、農家の子供と同じように農業を始められる環境を整えていったのです。

第8章

小さな家族経営が農業の未来を拓く

1 小さな家族経営を始めよう

私が考えている小さな家族経営とは、家族が中心となり、子供の教育がきちんとできる所得をあげられる農業生産規模です。その経営を実践しながら、共通の志を持つ人たちと組織化して、一農家経営でできない販売や企画などに仲間と一緒に取り組み、企業やお客様とタイアップできる能力を持てるようにすることで、農業生産の現場の未来は広がると考えています。

＋アメリカの農家も家族経営が多い

農業の議論の中で、アメリカ並みの規模にして生産性を上げて競争力を高めるという話がよく出てきますが、どう考えても、日本の中でアメリカと同じような面積にして農業ができるとは思えません。また、無理に同じことをする必要性さえも感じられません。

しかし、アメリカの農業は栽培面積や規模が大きくても、**家族経営が中心だ**ということは見逃すことができません。

私がアメリカに視察に行って感じたのは、マネージャーに現場を任せて現場を見ない農場経営者は、金銭や利回りが経営判断の基準になっていて、長期的な視点で農場運営をしていないということです。そのような農場に行って、よく聞いたのは、

「儲からなくなったからオーナーが変わった」

「この農場は今年で閉鎖します」

という話でした。オーナーは農場を売買して、利回りのよい仕事に投資しているだけなのです。

こうした投資家的な農業経営のあり方がある一方で、農場主が現場を知っていて、技術的なことも熟知しているところもありました。そうした農場主は、10年単位で物事を考えて開発や戦略を描いていました。そして、両社の畑を比べたときに、後者のほうが当然生産性も高かったのです。アメリカでも農業の現場に重きを置いている農場経営者のほうが生産性も高く、高品質な農産物を生産していると実感できました。

✚誰もが一番早く成功するのは家族経営農業だ

誰もができる理想的な農業経営は、家族がコアになり、必要な技術やノウハウを持って経営することだと思います。家族中心で農業を行っていくのであれば、たとえ社員さんが辞めたと

しても、コアの技術の流出はありません。技術や教育費は自分への投資として蓄積され、ロスがありません。また、そのような姿を見て育った子供たちの感性は、農業だけでなく、今後の日本の産業界にとってもとても重要な宝になるのです。

2 大きくなったら、経営者の管理能力が大事

もちろん、社員を育て、その人が中心となって農業を行うスタイルも大切です。実際に私が経営するグリンリーフと四季菜の農場では、そのような形をとっています。しかし、その場合、経営者本人の管理ノウハウは、野菜を直接育てる技術とはまったく違った能力が求められます。その農場管理者の能力が、そのまま業績に直結するようになるのです。

＋経営者が現場から離れるときに必要な能力とは？

そのまったく違った能力とは、人を介して野菜を育てるということです。そのためには、心から共鳴・共感する人の採用から始まります。採用したら、まず**大きな失敗がないように初歩**

的なことを教え、それができるようになったら任せてみて、小さな失敗は許すことが必要です。

また、その段階になると、管理する相手は人が中心になってきます。作物にも表情があるように、人間には感情があります。そのときの心持ちでコミュニケーションの取り方も変わり、モティベーションの強さも変わってきます。そのときどきに応じた対応が求められるのです。

以前、ある養豚経営者の方から聞いた話が今でも心の中に残っています。

「澤浦君、昔、僕は豚を飼っていた。でも今は人を飼っている」

この言葉は、人を豚扱いして失礼なように聞こえるかもしれませんが、私も昔養豚をしていた経験からして、とても的を射ていると思いました。

小さな規模のときは、自ら農場に出て直接豚に愛情をかけて育てることができますが、規模が大きくなっていくと、経営者がすべての豚に愛情をかけられなくなり、**愛情をかけて育てる対象が豚から人（社員さん）に変わってくる**のです。その段階では、社員さんがどれだけ豚に愛情をかけられるかが成果につながってくるのです。

✚ 長く働くことで利益が生まれる

農業は個人に技術が蓄積するところが大きいので、社員さんが長く働ける環境をつくることが利益を出せるようにするためにはとても大切です。社員さんが中心となって行う農業の場合、５年以内に中心となる社員さんが辞めてしまっては、会社が黒字になることはありません。６年目からようやく利益を稼ぎ出せるようになり、10年を過ぎる頃、会社もその社員さんも作物から多くの利益を享受できるようになるからです。

長く働ける環境づくりは、**採用時点で８割が決まります**。その後の教育や育成が大切なのはもちろんですが、採用時に、経営者が持っている情熱や社員さんへの思いをどれだけ理解してもらえるかがカギとなり、それを共有できることが大切です。そして、その情熱や思いを具体的な数字や仕組みに落とし込んでいかなければなりません。

社員さんを中心にした経営をしていく場合でも、最初は経営者や家族が核になってノウハウを蓄積していきます。その後、経営を成長させていくときに、**育てる対象を作物から人へと変えていく**のです。その転換期には、一時的に非効率になるかもしれません。それを補うため、一時的に寝る間もなく働くこともあるでしょう。それでも必ず成功するとは限りません。そのリスクを下げるためにも、最初に家族経営で必要なノウハウや技術、資金を蓄積しておくべきなのです。

3 顧客と一緒に新しい価値を創造する

ものを販売するときの考え方にはいくつかありますが、大きく分けると、自社で開発した商品を売り込む販売「プロダクトアウト」、お客様のニーズから生産をして販売する「マーケットイン」、お客様と新たな需要をつくり出す「需要創造・顧客創造」があります。

✚お客様の欲しいものを一緒につくる

どの販売方法も大切ですが、私たちが大切にしているのは、お客様の声を聞きながら商品づくりやシステムづくりをして新たな需要をつくり出す「需要創造・顧客創造」です。そのために必要になるのが、商品開発やサービス開発と、その商品やサービスを磨き高め続けることなのです。

少ない資本で成果を上げる簡単な方法は、お客様が欲しいものをつくって販売することです。そして、この方法は一番コストがかかりません。大企業であれば、多額のお金を使ってマーケットリサーチをして商品開発ができますが、そのようなお金を使わなくても「○○がほしい」ということを実現していけば、売る努力をしなくても売れていくのです。

そして、それが進化すると、お客様と一緒に新たな商品やサービスをつくり出す領域に入っていきます。販売する人も、単純に目の前の商品を比べて「高い」「安い」で仕入れるのではなく、特徴ある商品やサービスを、生産者や加工メーカーと情報共有しながら一緒につくり上げていくようになります。

そのときには、農業の現場でしっかりした生産力を持ち、特徴ある農産物や農産加工品をつくっていること、生産者の立場からいろいろなアイデアを出せることが、ほかにはない優位性をつくるのです。

✚ 農業では商品開発が大事

コンビニエンスストアの中で、セブン‐イレブンは1店舗あたりの売上額でダントツの成績を上げ続けています。好業績の要因の1つに、加工メーカー、物流、素材供給者など関係者に販売情報を提供しながらチームで商品づくりをすることがあります。鈴木敏文会長の強力なリーダーシップはもちろんですが、現場の人たちのアイデアが商品に反映される環境をつくっているところに、その強みがあると思っています。

私たちも、取引先様と一緒に商品開発をすることがよくあります。お互いに情報を持ち寄り、それについてさまざまな検証をしながら試作を繰り返します。そうしてつくり上げた商品は、お客様に受け入れられて、それまでにないお客様からの支持と売上をつくり上げていきます。

私たち農家にとって、業者の方々と取引をするときに、目の前の取引に目を奪われてしまうと、単なる価格競争になってしまいます。もちろん、できる範囲でそれに対応していくことも大切ですが、**長期的にお客様の課題を解決していくための取り組みのほうがもっと大切になります**。そして、作物を育てるように、長期的な視点でお客を育てる意識になったときに、ほかにない商品や仕組みが生まれてくるのです。

4 農家が生み出す新しいエネルギー産業（資源循環とエネルギー循環）

農家は、そもそも食料を生産することだけが仕事ではありませんでした。江戸時代から戦後間もない時代まで、食料生産だけではなく、薪を切り出したり炭を焼いたりして、そうした燃料を都会に供給するのも農家の仕事だったのです。

✚ 有機野菜をつくるなら、エネルギーも自分でつくる

群馬県榛名町で有機ウメを栽培し、それを自分の農場で有機梅干しにしている、ゆあさ農園さんという農場があります。代表の湯浅直樹さんは、自社の農場の電気をすべて太陽光発電でまかなっています。その話を聞いたのは、今のように再生可能エネルギーが政策になる前のことでした。

「有機農業をしているのに、化石燃料に頼っているのはポリシーとして許せなくて、自分の農場で使う電気は、自然の力でつくり出してすべてまかなえるようにしてきました」

湯浅さんは、その思いを語ってくださいました。今でこそ世の中は再生可能エネルギーで沸き立っていますが、そうなる以前にすでに取り組んでいたことに脱帽し、私が理想とする農業だと共感しました。

私の農場も平成15年に20キロワットの太陽光発電を導入していましたが、自社のエネルギーをすべてまかなうまでにはなっていません。湯浅さんの言葉が心の中に残り、いつかそうしたいと思うようになり、その後、本格的に太陽光発電に取り組むことになるのです。

よく見ると、**私たちの農場の周りにはさまざまなエネルギーがあります**。山からは水が流

れ、樹木が茂り、田んぼでは刈り取った稲やモミがそのまま燃料になります。地熱の利用もあるでしょう。もちろん、太陽光は無料のエネルギーです。雪深いところでは、その雪を利用して雪室をつくり、夏の野菜の保管をしているところもあります。また畜産を行っているところであれば、メタンガスを取ることも可能です。

✚見捨てられているエネルギーを見出すのが農業のもう1つの役割

平成24年、ドイツとデンマークへのエネルギー視察に参加しました。そこで見たものは、田舎のエネルギーを最大限に生かす知恵でした。ドイツでは豚舎や牛舎から出る畜糞からメタンガスを取り、それで発電機を回して地域へ電気として販売しているだけでなく、その排熱で湯を沸かし各家庭に温水として供給していました。

また、ドイツの農家は1メガワットから2メガワットの風力発電機を持ち、その電気を売電する事業を農業経営の1つに組み入れていたのです。20年したら新しい風車を立てることで、さらに20年固定価格買い取り制度が維持され、その収入が農家の収入となって経営を安定化させていました。

デンマークでは、地域の麦わらを束ねて大きな倉庫に保管し、その藁を燃やした熱を地域の人たちに送って、外部からのエネルギーを購入しなくても済むようになっています。地域内の資源で地域内の暖房をまかなえるようになったことで、地域外への富の流出が少なくなり、お金が地域内で循環するようになったのです。

私はまだ見たことはありませんが、タイで養豚をしている農家では、豚糞を地下タンクに流し込み、そこから発生するメタンガスで炊事などをしている家庭があるようです。

これらは外国ばかりではありません。日本には麦はありませんが、稲わらが廃棄物としてたくさんあります。それらを活かすことで、それが農家の副収入になっていきます。また、日本には水力発電に向く立地条件がたくさんあります。さらに少し前までは、山林から出る薪や炭が都会のエネルギー源だった時代もあるのです。

お金を払えば簡単に灯油が手に入り、スイッチを入れれば簡単に電気の恩恵が受けられる世の中になっていますが、その陰には**忘れられたエネルギーがたくさんある**のです。もちろん、それだけで日本が使用するエネルギーをすべてまかなうことはできませんが、それらを再度見直し、今の技術で再構築してみると、田舎は無限のエネルギーの宝庫だと気づかされます。そして、それら一見価値のないエネルギーの種を価値あるものに変えることができるのも農業者であり、それは農業者の役割だと思うのです。

5 農業は古くて新しい働き方

農業は、働いた時間だけ必ず収入になる時間給ではありません。作業スピードやその人の能力で収入が変わる能力給でもありません。年齢を重ねれば収入が増える年功序列型賃金体系でもありません。農業は、よい農産物をたくさん収穫し、それを換金できた成果でしか評価されないのです。

✚「働いただけお金がもらえる」仕事ではない

とても厳しいことですが、どんなに能力があってどんなに一所懸命働いても、収穫の前日に災害に遭えば収入はゼロです。そういった意味でも、農業所得は昔から収穫の成果しかありません。

しかしながら、一般社会では昭和30年代からの高度経済成長時代の中で、年功序列型賃金が定着し、その成長が止まったあとには能力給や成果給などの賃金体系が一部取り入れられてきました。そのおかげもあって、日本の労働者は安定した所得を上げることができ、日本は経済発展してきたと思っています。

しかし、その一般企業の賃金体系や働き方が当たり前だと思って、「やればお金になる」と錯覚して農業の世界に入ってくる人が多くいるのも事実です。残念ながら、そのような考え方の人が農業で幸せになった姿を見たことがありません。

日本人の給与は高度経済成長を通じて大きく増えました。しかし、それは経済成長のおかげであって、個人的な能力の向上ではなかったのです。それを、自身の能力向上と勘違いしていると、成果給しかない農業の世界では戸惑うことになります。

日本人の能力向上と所得の関係を考察するには、高度経済成長の前後の大卒初任給を比べることで、ある程度推測ができます。たとえば、昭和40年前後に就職した人たちの初任給は2万5000円前後でした。それから約35年後には20万円前後になっています。その間、名目GDPは約15倍になり、一人あたりの名目GDPは約10倍になりました。

それはどのようなことを意味しているかというと、働く人の能力向上というよりも、経済成長など外部要因で所得が増えてきたのです。

つまり、同じ仕事をしていても、給料は自然と8倍に増えたということです。給料2万5000円時代の新卒と20万円時代の新卒の人的な能力の差が8倍もあったとは考えられます。

ません。高度経済成長のときには、自分自身の努力でない要因で給料が増えていたと考えられ

＋自分のスキルを高めなければ収入が増えない時代

現在は経済が均衡していて、当時と同じようにしていては物価を考慮した実質賃金は上がりません。スキルを高めて働き方を変える必要があるのです。

働き方を変えなければいけない時代に来ているのに、当時の成功体験が家庭教育や学校教育の中で刷り込まれています。私たちの世代や若い世代は本当は力があるにもかかわらず、その力を発揮することを知らず知らずのうちにその教育の中で制限してしまい、必要以上に自信を失っているように見えます。

私は、**自ら仕事のスキルを上げて、自分自身の人的な財産を増やし仕事について自ら学び、主体的な働き方へ変えることで未来は開けてくる**と思っています。そして、その働き方とは、長い年月の間に**農業の中で当たり前に繰り返されてきた働き方**なのです。

農業を行っている視点から企業で働く人を見ると、高度経済成長時代やバブル時代の考え方で働いていては今後所得が上がることはなく、豊かになっていくのは夢の世界だと思います。これから所得を増やして豊かになっていくためには、自ら仕事のスキルを高めることが必須で

す。スキルを高めるために学び、仕事に積極的に取り組んだ人のみが、所得を増やせる時代になっているのです。

✚自ら働き方を変えていこう

低成長と言われている期間が長くなり、現在では高齢化と労働人口減少の中で生産力が落ち込み、経済自体が萎んでいくような報道がされていますが、生産力が低下していくとしたらその原因はそれだけではないと思います。海外に行くと実感することがあります。日本では仕事の中で次世代へ技術を伝承したり蓄積することができにくくなっているということです。

強制ではなく積極的に働くことにまでブレーキをかけるさまざまな規制や教育によって、本来、能力があって技術の継承をしたい人がいても、その人にまで制限をかけてしまっています。その1つに労働基本法の存在があります。その基本的なところは高度成長時代のままで、働く人は守られ表面的にはとても恵まれていると感じてしまいます。しかし最近では、労働者を守るはずの労基法が、働きたい人から働く場を奪っている場面によく遭遇します。

生き物を育て、それを新鮮な状態で届けるという仕事をしている私から見ると、労基法がいつまで働く人を守って幸せにし続けられるのかとても危機感を覚えます。一部の人がそれを盾に権利を主張したり自由の行使をはき違えていると、企業はその一部の人から企業を守ろうとして、法令遵守の観点で就労抑制を行います。そのような状況が、やりたい人の芽まで摘んでしまう状況が現れているのです。

理想は、働く人一人ひとりが家族のステージや能力に合わせて、主体性と自発性を持って会社という畑を耕し、顧客という樹木を育て、そこに実った果実を働いた人で分かち合うことです。さらに、余った果実を将来のために蓄える農的な働き方です。

今、派遣法や高所得者の時間外規制をなくすなど、さまざまな働き方ができるように法整備をしようとしていますが、これからもさらに見直され、その人ごとに自由な働き方ができるようになっていくのではないかと思っています。なぜなら、農業では一律の働き方や労働力では作物を育てられないからです。農業では当たり前のことが、他産業でも今後取り入れられてくればよいと思っています。

労働時間という概念で働くのではなく、命を育てるという概念を中心に持ち、自ら学ぶことと技術の習得をして能力を高めていくことが大切になります。そして、老若男女、障害を持った人も、異国の人も、すべてを活かし大切にし、それぞれの人たちが物心両面で納得して満足する、古くて新しい大家族的な働き方をすることで、みんなが豊かになっていくのです。

そして、その場や機会を与えられるのが農業であり、本来の会社組織であり、生産物を育てる畑であり、農家経済を回してくれるお客様であり、かけがえのない仲間と命をはぐくむ自然なのです。

6 女性の活用が農業成功の秘訣

農業は元々、家族中心で行う仕事でしたし、今後も家族経営が中心になっていくと思います。そういった家族経営の中で女性の役割はとても大きいのです。同じように法人経営でも、商品開発や営業、そして経営面でも女性の感性が求められるのが農業だと思っています。家族中心であっても、法人経営になって働く人が増えたときに、いかに女性が働きやすい職場にできるかがとても重要になってきます。

✚ 昔の農家のような働き方が求められている

戦後、家族のあり方も変わってきました。自営業が多かった時代から高度経済成長時代になり、サラリーマン家庭が増えて核家族化し、男は仕事、女は家を守るという標準的家庭像ができました。しかし、バブルが崩壊して急速な円高になり、工場が海外に出ていくと、男は仕事、女は家を守るという構図は維持できなくなってきました。さらに労働人口減少時代の中で、労働力を補うこともあり、女性の社会進出が多く見られるようになってきたのです。

最近は、祖父母が孫の面倒を見ながら、若い人たちが働くというスタイルが私の周りでは増えてきています。祖父母が孫の送り迎えや世話をしてくれることで、若夫婦は仕事をフルにすることができて世帯所得が増えているのです。そして、孫の面倒を見ている祖父母も仕事の張り合いができて、老いることがありません。そんな例をたくさん見るようになりました。

福井県は子供の教育レベルが高い県として知られています。福井県は3世代同居家族が多く、女性の就業率も高く、そのこともあって中食と言われる惣菜店がとても充実している県です。個々の所得は首都圏のように高くはありませんが、世帯所得と持ち家率が高いことから生活費がかからず、それに伴って子供の教育レベルも高くなっています。

働ける人はフルに能力を使って働き所得を得ます。体が弱ってきた年配者は軽作業や身の回りの仕事を行って、若い人が働ける環境をつくります。将来の宝である子供をみんなで育てているのです。

これらは、昔の農家がやっていたことです。古くて新しい家族のスタイルだと思います。

✚ 子供と一緒に成長できるのが農業の働き方

ライフステージによって働き方を柔軟に変えられる農業は、働く女性にとってとてもよい職場になりつつあります。

子供がまだ小さいときには、子供が熱を出したりして、急に休むこともあります。人手不足と言いながらも、そのような子供のいる女性はなかなか就職できない実情があります。子供が保育園から小中学生のときは、子供の世話が中心になりますが、やがて子供が高校生や大学生になる頃には、自分の時間ができるようになります。と同時に、教育費がたくさんかかるようにもなるのです。その家族のステージに合わせて、働き方を変化させられる可能性が一番高いのが農業です。

私たちのところで今中心になって働いてもらっている女性の中には、取締役や部長、課長など重要なポジションで働いている人がいます。そして、彼女たちは商品開発にはじまり、製造責任者、出荷責任者、品質管理、営業、生産など、多岐にわたって能力を発揮しているのです。

ある女性は、まだ子供が保育園の頃に入社しました。当時はバブルが崩壊して、いろいろな会社がリストラをしている時代です。その人も前に働いていた会社が事業を縮小するため解雇されてしまい、その後、私たちの会社に入社してもらいました。まだ子供が小さいこともあって、保育園が休みのときには子供を会社に連れてきて、ほかの社員さんの子供たちと一緒に畑の中で走り回っていました。ちょうど同年代の子供たちがたくさんいて、会社の中はまるで保育園のようでした。笑い話ですが、お客様から

「澤浦さんの会社に電話をすると子供の声がにぎやかですが、保育園でも経営しているのですか？」

と聞かれることもありました。**女性が子供を見ながら働くというスタイルは、昔の農家がやっていた育て方**です。親は子供を近くに感じながら仕事ができるので、安心して働くことができます。子供も親が働く姿を見ながら遊ぶことで、知らず知らずのうちに親への尊敬の念が生まれてくるのです。

そのように会社に一緒に出て、親が仕事をする姿を見ながら成長した子供たちは、その後、みんな立派に成人して幸せな家庭を築いているのです。

また、そのようなときから働いていた人たちは、子供が高校や大学に進学する頃になると、子供と会社と仲間のために大きな力を発揮してくれる存在になっています。農業という職業は、人間形成にも大きな役割を果たすと、いろいろな方から教えてもらいました。そのように働きながら子供を安心して育てられる環境をつくっていくことで、多様なサービスや商品が生まれ、会社も成功に近づいていくのだと思います。

7 小さな家族経営農家の大きな挑戦

日本の農業は戦後大きく変わりました。それまで農村社会は、地主を中心に地域経済が形成されていましたが、戦争が終わって農地解放とともに小さな自作農家が増え、それを農協が束ねるようになりました。そのおかげもあり、日本は民主化を実現できて豊かな国になってきたと思います。

✚円高によって、産業のあり方ががらりと変わった

もう1つ、大きく変わったのが為替です。戦後間もない頃は1ドル360円の固定相場でした。当時は農産物である絹が重要な輸出品になっていました。また、外国製品や外国の農産物は高根の花で、一般の人たちが食べることなどできない時代です。パイナップルの缶詰は風邪をひいたときにしか食べられない特別なものだったのをよく覚えています。

その後、昭和60年のプラザ合意によって円高が急速に進みました。それはちょうど私が高校

を卒業して農業を始めた頃です。当時、私たちの村にも電気部品メーカーがいくつかあって、多くの社員を抱えていました。しかし、プラザ合意前に1ドル240円前後だったのが、合意後1年足らずで150円、約2年後には120円まで下がると（円高になると）、それらの部品メーカーは時間をおかずに工場を閉鎖してしまいました。また、農産物でも、このとき私たちの村で生産量が多かったアスパラガスは、安くなった輸入品が急速に増えたために、急激に衰退していったのです。

円高になって逆に急成長してきたのが、国内で生産せず海外で生産して輸入販売する業態でした。衣料品でも、プラザ合意前には国内産が比較的多く出回っていたと記憶しています。しかしその後、台湾や韓国製品が店頭に並ぶようになり、やがて、それが中国製へと変わっていき、現在ではベトナムなどの国々からも輸入されています。

電機製品についても同じで、国内生産ではなく、海外で生産をして日本に持ってきて販売をするというスタイルになりました。このように産業の空洞化は円高によって大きく進んだのです。

✚為替と農業の密接な関係

産業構造が大きく変わる中で、農業も為替の影響を大きく受けました。戦後の国内農業の栄枯盛衰の外部要因は、それがすべてといっても過言ではないと思います。もちろん、円高になる過程で、私たちはここまで書いてきたように農業のやり方を変えて、これまでやってきました。

ありえない話ですが、私はときどき円が1ドル360円になったらどうなるかと想像することがあります。円安になることで、海外から輸入されるものは当然高くなります。1ドル＝360円にはならないにしても、プラザ合意1年後の150円になっただけでも、海外からの輸入品は円が一番高かったときの約2倍の原価になります。とくにコモディティ化した生活の基本になる食料や燃料は付加価値も少なく、その影響を大きく受けます。平成27年1月現在、円は1ドル120円となり、80円台から大きく円安になっています。

今、輸入品価格が上がって大変だと報道されていますが、そうした中で私たちが国内で生産している野菜の価格はまだ変わりません。私たち農家は円高になれば海外からの輸入農産物の脅威にさらされ、円安になれば、海外からの資材や飼料、燃料に頼っている農業は原価が上がり、経営にマイナスの影響を受けるのです。

また、このことは生活者にも影響を与えます。円高になれば、食料品や生活必需品が安くなるという恩恵がある反面、円安になると、そのようなものが高くなるという影響が出るのです。昭和60年から始まった約30年間の円高基調から、昨今になって円安基調に変化をしてきて、改めて為替と農業や食料の密接な関係性を感じています。

＋為替の影響を受けないものをつくる

そのような為替の変化があっても、価格が大きく変わらない食料が、国内生産している農産物です。私たち**農業者ができるだけ海外からの資材や海外からのエネルギーに頼らず、日本の国土から食料を生み出す生産方法を確立したとき、為替の影響を受けない本当の意味での強い農業になります。そうなってこそ、お客様へ安定した農産物の供給が実現できる**と考えています。

そして、そのような理想の農業形態をつくっていくには、前著『小さく始めて農業で利益を出し続ける7つのルール』やこの本の中で書いたように、私たち農業者がお客様との関係性を深め、お客様とともに独自の生産体制を構築していくことです。お客様と一緒に農業をつくり上げていくことで安定した食の提供が継続し、私たち農業者の暮らしも安定して夢も実現するのです。

そして、経営規模の大小に関係なく、その人の置かれている持ち場、得意な分野、ポジションで能力を発揮し、自分に不得意な分野はそれを得意とする人たちと連携していくことです。こうすることで、農業を中心として関係する人たちが安心できる、明るい未来をともに創造できると思います。

食料は世の中が平和になるために一番に必要なものです。それをお客様とよい関係性を築きながら安定して生産し、お届けすることが私たち農業者の役割であると、この本を書きながら改めて思っているところです。

おわりに

今回『農業で成功する人　うまくいかない人』という本を書かせていただき、文中にさまざまなエピソードを紹介させていただきました。その中で成功している人に共通しているのは、とても素直だということです。起こった出来事について素直に事実をとらえ、人からの忠告も素直に聞くことができ、素直に考えることができるのです。ある意味で「我」がないのかもしれません。

成功と対比する言葉を「うまくいかない人」としました。取り上げたうまくいかない例は事実ですが、特定の人を指して書いたわけではなく、この例は誰にでも起こりうることとして紹介しています。成功している人でも、ちょっとした気の緩みで、同じように「うまくいかない」ことをしてしまうのです。つまり、成功もうまくいかない状態も表裏一体で、誰にでも起こりうることなのです。

実際に私自身もうまくいかない言動やうまくいかないことをすることがあります。そのようなときに、すぐに自らを反省し、自分自身を軌道修正しながらやってきました。

本のタイトルを「成功する人」に対して「失敗する人」としなかった理由は、失敗とはあきらめたときの結果で、この本を手にする人には相応しくないからです。そのため、あえて現在進行形の「うまくいかない人」という表現にしました。

うまくいかない状態は失敗ではなく、心の置き方や努力によって成功へと変えていくことができる途中経過です。今、どのような状態であっても、その人の努力によって、そこからよりよい方向に変化させていくことができるのです。

今、成功していても、成功が永遠に保証されているわけではありません。うまくいかないことがあっても、それが永遠に固定化されているわけでないことを、この本を書きながら改めて確認することができました。

これから、農業を取り巻く環境はよくも悪くもかつてないほど大きく変わっていきます。為替の変動、エネルギー価格の変動、労働人口の減少と外国人の受け入れ態勢の変化、中国やアジアの動向、働き方の変化など、さまざまな要因があります。中でもＪＡに関する改革は、法人経営する私たちにも大きな変化をもたらすと思っています。

私はＪＡ寄りでも産業界寄りでもなく、ただ純粋にお客様に安定してよい農産物を届けていくにはどうすればいいかという農業経営者の視点から、今議論されている農協改革はポイントがずれていて、時代に逆行しているように感じるところがあります。

しかしそうはいっても、その改革はよし悪しに関係なく進んでいくでしょう。私たち経営者は、それを前提として自社の農業経営を変化・対応させ、継続する経営体質にしていくことがとても重要だと思っています。

ＪＡ改革によって、今後、ＪＡ中央会が各単協を指導できないようになり、全農も株式会社化される可能性があります。そして現在も、単協の経済事業と金融事業が切り離される議論が進んでいます（セブン-イレブンやイオン、ソニーなど多くの企業が経営を安定化するために金融部門を持つ時代に、ＪＡが切り離されるのは時代に逆行していると感じますが）。そうなったときに、営農や経済事業が成り立たないＪＡが出てくるのは明白です。

そもそも中央会ができた理由は、戦後各地に農協が生まれ、その農協が経営難になったときに、そういった農協を経営指導して救うことを目的に生まれました。他産業の例でいえばフランチャイズチェーンがこれに似ています。本部からスーパーバイザーが各店を巡回して経営指導や運営指導をし、加盟店をサポートしています。それと同じ機能がＪＡではできなくなるわけですから、経営が成り立たないＪＡが出てくる可能性はとても高いでしょう。

さらに、農協改革と一緒に、農業法人に対する出資要件も50％未満まで引き上げられ、さらに緩和される案が議論されています。50％を超えると、実質的に誰でも農地を持てるようになるということです。今後も農地の集約と農業生産法人の大規模化を進め、一法人が広い面積でコメをはじめとする農産物を生産するようになるでしょう。

ではなぜ、農協を分割させる改革をするのでしょうか。「農地を守る」「農業生産を維持する」そして「農業を成長産業にする」という目的もあるでしょう。しかし、単協ごとに小さくし、金融事業を分離することによってＪＡが持つ利権と資産が流動化し、一般企業に移しやすくなり、そのことで他産業による農業支配が可能になります。出資要件が51％以上になったとき、大規模化した農業法人は、買収という形で外国企業でも手に入れられる状態になります。販売力のない農業法人や、資金力がなくなったＪＡは、農産物価格が下がった途端に経営が成り立たなくなります。そのようになった法人やＪＡはいとも簡単に買収されてしまうでしょう。

かつて明治から大正時代にかけて、不在地主が投機目的で新潟の農地を１０００ヘクタール単位で買い、その後、大正９年前後にその土地を売り払って朝鮮の土地を買った例や、不況になったとき地主が小作農を排除して自ら農業を始めた時代がありましたが、そのようなこともできるようになるのです。

私はあえてこの改革のよし悪しをこの場で議論するつもりはありません。経営者としてさまざまな仮説を立ててみて、そのときに自分の経営をどのようにしていくかを考えることが重要だと思っています。

農業経営者として仮説を立て、その変化に対応し、独立性を保てる経営体質を持たなければなりません。その体質とは、規模に関係なく自分のお客様を持つこと、規模に関係なく利益を出して自己金融を持ち財務体質を強固にすることです。そうするための考え方や方法、技術、そして人間関係の大切さを前著と本書の中で書かせていただきました。

大きな時代変化の中で、目先の外部要因に翻弄されず、真実を見る目を養うことが大切です。そして、自分の顧客に将来にわたって食を通じて安心を届け、家族が暮らし、地域経済を発展させ、関係者を豊かにできる農業経営を続けていきましょう。そうすることが、世の中が平和である上でとても重要なのです。

私自身、これからもこのことに取り組んでいきたいと思っています。ここに書かせていただいたことが一農業経営者の考え方として、みなさんの参考になれば幸いです。

読んでいただきまして、ありがとうございました。

［著者］
澤浦彰治（さわうら・しょうじ）
1964年、農家の長男として生まれる。利根農林高等学校を卒業後、群馬県畜産試験場の研修を経て、家業の農業・養豚に従事。コンニャク市場の暴落によって破産状態に直面するなかでコンニャクの製品加工を始める。1992年、3人の仲間と有機農業者グループ「野菜くらぶ」を立ち上げ、有機野菜の生産を本格的に開始。1994年、家業だった農業経営を農業法人化しグリンリーフ有限会社とする。第47回農林水産祭において蚕糸・地域特産部門で天皇杯を受賞。群馬中小企業家同友会代表理事、日本オーガニック&ナチュラルフーズ協会理事、沼田FM放送取締役、マルタ取締役。著書に『小さく始めて農業で利益を出し続ける7つのルール』（ダイヤモンド社）がある。

農業で成功する人 うまくいかない人
――8つの秘訣で未経験者でも安定経営ができる

2015年5月14日　第1刷発行
2022年10月11日　第7刷発行

著者――――澤浦彰治
発行所――――ダイヤモンド社
〒150-8409　東京都渋谷区神宮前6-12-17
https://www.diamond.co.jp/
電話／03･5778･7233（編集）03･5778･7240（販売）
装丁――――渡辺弘之
DTP――――荒川典久
製作進行――――ダイヤモンド・グラフィック社
印刷――――新藤慶昌堂
製本――――ブックアート
編集担当――――田口昌輝

ISBN978-4-478-06595-2